Mathématiques 9-10-11

Aide-mémoire
Ressources théoriques

Nombres et opérations – NO
Fonctions et algèbre – FA
Espace – ES
Grandeurs et mesures – GM
Recherche et stratégies – RS

lep

CONFÉRENCE INTERCANTONALE
DE L'INSTRUCTION PUBLIQUE DE
LA SUISSE ROMANDE ET DU TESSIN

Remerciements

Nous remercions les auteurs de *Mathématiques 7-8-9*, éditions 2003, 2006 et 2009, Michel Chastellain, Jacques-André Calame et Michel Brêchet, d'avoir accepté qu'une partie importante de leurs activités soit reprise dans cette nouvelle édition 2011, contribuant ainsi largement à sa parution.

Pour cette nouvelle édition 2011, nous remercions les personnes issues des milieux scolaires, académiques et professionnels de la Suisse romande qui ont suivi la rédaction, la relecture et l'édition de ces ouvrages :

Groupe d'auteurs
Ivan Corminboeuf, président ;
Thierry Hostettler, Claude Lecoultre, Denis Odiet.

Groupe de réalisation
Hervé Schild, président ;
Christian Bazzoni, Pascal Carron, Philippe Dubath, François Günter, Denis Odiet, Sandrine Rudaz.

Groupe d'experts
Nicolas Dreyer, président ;
Jean-Paul Dumas, Ninon Guignard, Viridiana Marc, Isabelle Nicolazzi, Luc-Olivier Pochon, Elisabeth Stierli.

Expert externe
Pr Dr Aldo Dalla Piazza

Commission de vérification
Annemarie Merkelbach, présidente ;
Yolande Belloy, Pierre-Marie Gabioud, Pascal Knubel, Rachel Meyer-Bovet, Jérôme Pelisson.

Nous remercions également les commissions et conférences intercantonales impliquées, ainsi que tout spécialement les cantons de **Berne**, **Fribourg**, **Genève**, **Jura**, **Neuchâtel**, **Valais** et **Vaud** de leur engagement dans l'édition de ces ouvrages.

Crédits
© Editions LEP, *Objectif Vie*, Le Mont-sur-Lausanne : 42d
© Office fédéral de topographie swisstopo (BA110186) : 42g

Conception et réalisation : NK Editions, Le Mont-sur-Lausanne
Mise en pages et infographies : NK Editions, Yves Gabioud, Macgraph, Puidoux
Relecture : Anne Leroy, Leroy*lire*, Lausanne
Illustrations : Yuri Coles, Genève : 109

Edition 2011

ISBN 978-2-606-01383-7
LEP 936001A6
Imprimé en Suisse
VI 0216 22 STA

www.editionslep.ch

Préambule

Ton *Aide-mémoire* présente les termes, définitions, notations et notions théoriques, abordés dans la collection *Mathématiques 9-10-11*.

C'est un ouvrage de référence auquel tu peux accéder, lorsque tu en éprouves le besoin. C'est par exemple le cas :

- après avoir terminé une activité *Que sais-je ?* ou *Faire le point ?* ;
- pour te remémorer une définition à propos de laquelle un doute demeure ;
- lorsqu'un travail effectué à la maison nécessite de revenir sur un aspect théorique que tu n'as pas encore parfaitement assimilé ;
- dans le cadre d'un travail de groupe, pour comprendre une notion mathématique en jeu.

Tu disposes d'un sommaire, d'une table des matières et d'un index alphabétique pour accéder plus facilement à l'information recherchée.

N'hésite pas à compléter ton *Aide-mémoire* lorsque tu rencontres une notion théorique qui n'y figure pas.

Les auteurs

Repères graphiques

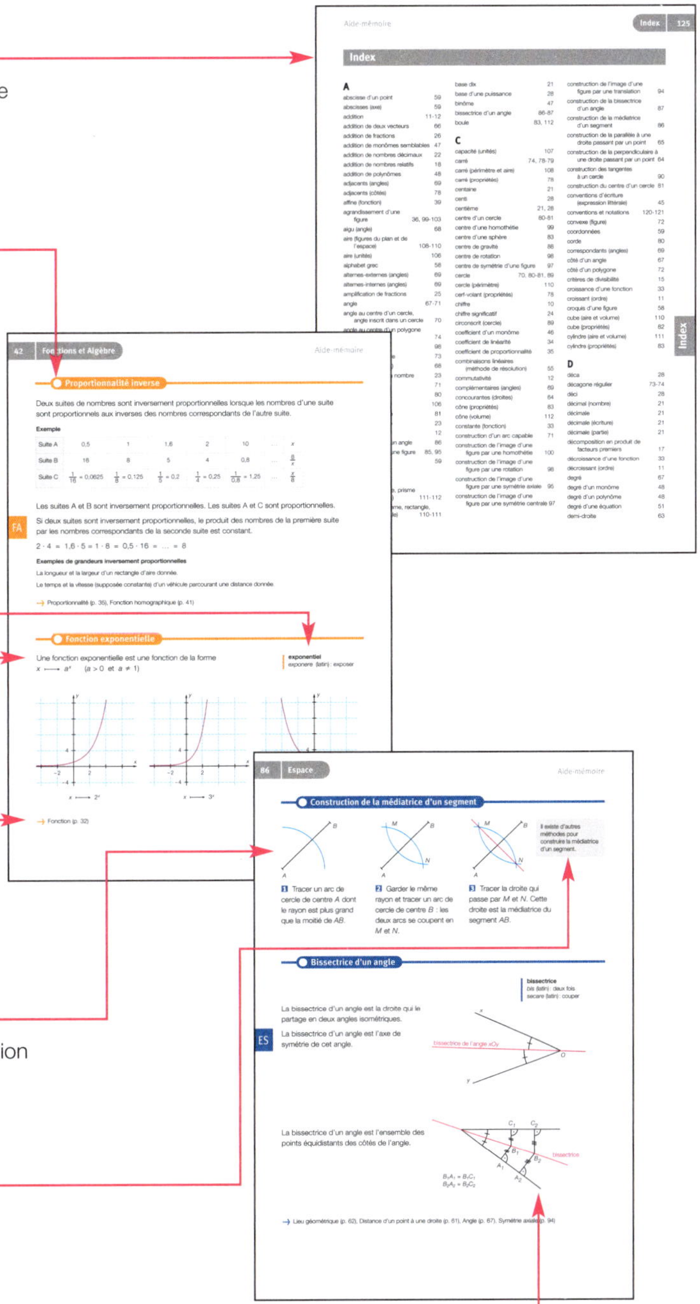

Index

Tu disposes d'un index alphabétique, d'un sommaire et d'une table des matières pour accéder plus facilement à l'information recherchée.

Visa

Chaque titre de rubrique est précédé d'un disque blanc que tu peux cocher ✓ lorsque celle-ci a été étudiée.

Etymologie

Dans cette rubrique, tu découvriras des informations sur l'origine de différents mots, dans le but de te faciliter leur mémorisation.

Définition et théorème

Référence théorique pour les notions et théorèmes étudiés.

Renvoi

Des renvois t'indiquent les numéros des pages où trouver d'autres informations entretenant des liens étroits avec l'objet présentement décrit.

Construction

Succession des différentes étapes d'une construction sous la forme d'une séquence de figures.

Mise en garde

Des commentaires supplémentaires t'informeront d'éléments particuliers auxquels il faut être attentif ou te signaleront quelques obstacles classiques.

Schéma

Illustration qui te permet de visualiser la description d'un objet mathématique.

Extraits du plan d'études romand

Visées prioritaires MSN

Se représenter, problématiser et modéliser des situations et résoudre des problèmes en construisant et en mobilisant des notions, des concepts, des démarches et des raisonnements propres aux *Mathématiques* et aux *Sciences de la nature* dans les champs des phénomènes naturels et techniques, du vivant et de l'environnement, ainsi que des nombres et de l'espace.

Mathématiques et sciences de la nature (MSN)

Modéliser des phénomènes naturels, techniques, sociaux ou des situations mathématiques

Nombres et opérations

Poser et résoudre des problèmes pour construire et structurer des représentations des nombres réels

Résoudre des problèmes numériques

Résolution de problèmes numériques en lien avec les ensembles de nombres travaillés, l'écriture de ces nombres et les opérations étudiées.

Fonctions et algèbre

Résoudre des problèmes numériques et algébriques

Résolution de problèmes en lien avec les notions étudiées (fonctions, diagrammes, expressions algébriques et équations).

Résolution de problèmes de proportionnalité.

Espace

Poser et résoudre des problèmes pour modéliser le plan et l'espace

Résolution de problèmes géométriques en lien avec les figures et les transformations étudiées.

Grandeurs et mesures

Mobiliser la mesure pour comparer des grandeurs

Résolution de problèmes de mesurage en lien avec les grandeurs et les théorèmes étudiés.

Sommaire

Nombres et opérations – NO

NO

Généralités

Ensembles de nombres

Ensemble de nombres	Notation	
nombres naturels	$\mathbb{N}$	0 ; 1 ; 5 ; 12 ; 1022 ; …
nombres entiers relatifs	$\mathbb{Z}$	… ; −52 ; −20 ; −2 ; 0 ; 4 ; 215 ; …
nombres rationnels	$\mathbb{Q}$	… ; −10 ; $-\frac{7}{4}$; $-\frac{2}{3}$; 0 ; 0,333… ; $\frac{7}{5}$; 11 ; 19,6 ; …
nombres réels	$\mathbb{R}$	… ; −19 ; −3,4 ; $-\sqrt{2}$; 0 ; 2 ; $\frac{5}{3}$; π ; $\sqrt{30}$; …

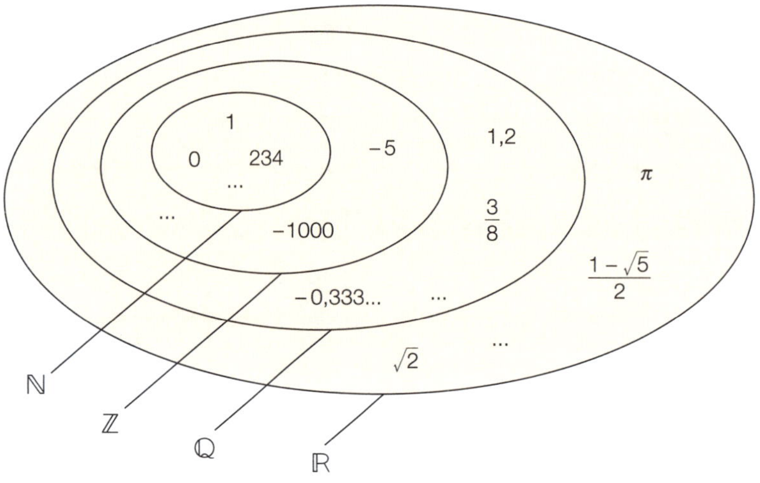

Chiffres et nombres
Les chiffres sont des symboles. Il en existe dix: 0, 1, 2, 3, 4, 5, 6, 7, 8, 9.
Les nombres sont écrits à l'aide d'un ou de plusieurs chiffres.
Exemple: 536 est un nombre écrit à l'aide de trois chiffres.

⇢ Nombre entier relatif (p. 18), Nombre rationnel (p. 20), Nombre irrationnel (p. 27)

Droite numérique

On peut représenter l'ensemble des nombres réels par une droite, appelée droite numérique:

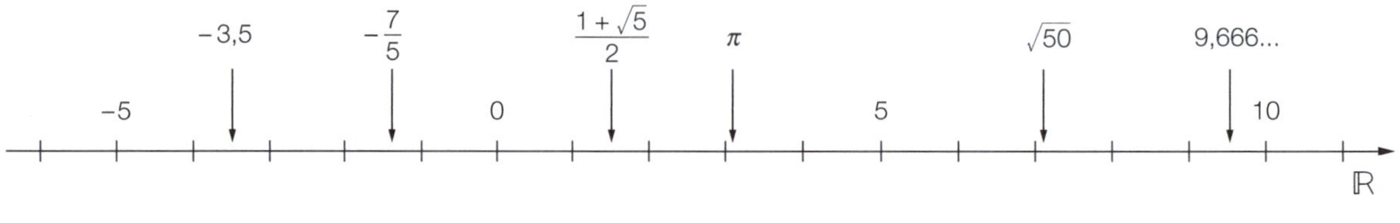

⇢ Ordre croissant (p. 11), Ordre décroissant (p. 11)

NO

Ordre croissant

Classer des nombres par ordre croissant, c'est les classer du plus petit au plus grand.

Le positionnement de ces nombres sur la droite numérique permet leur comparaison : les nombres sont plus petits lorsqu'ils sont plus à gauche, plus grands lorsqu'ils sont plus à droite.

croissance
crescere (latin) : croître

Attention !
$-8 < -6$
$-12 < 0$
$3{,}14 < 3{,}7$

Exemple
$-7 < -2{,}5 < \frac{1}{2} < 5{,}04 < 12$

→ Droite numérique (p. 10)

Ordre décroissant

Classer des nombres par ordre décroissant, c'est les classer du plus grand au plus petit.

Attention !
$-8 > -12$
$0 > -6$
$0{,}1 > -100$

Exemple
$127{,}5 > 8 > 0{,}058 > -\frac{3}{4} > -10 > -10{,}4$

→ Droite numérique (p. 10)

Opérations – vocabulaire

Addition

$0{,}5 + 12{,}5 + 18 = 31$

les termes : 0,5 ; 12,5 ; 18 — la somme : 31

Soustraction

$43 - 21{,}2 = 21{,}8$

les termes : 43 ; 21,2 — la différence : 21,8

Multiplication

$25 \cdot 3{,}2 \cdot 4 = 320$

les facteurs : 25 ; 3,2 ; 4 — le produit : 320

Division (dans ℕ)

le dividende : 423 — le diviseur : 15

```
 423 | 15
-30  |----
 ---  | 28
 123
-120
 ---
   3
```

le quotient : 28 — le reste : 3

preuve : $423 = 15 \cdot 28 + 3$

La division dans ℕ (ou division avec reste) est aussi appelée division euclidienne.

Pour éviter la confusion entre le symbole « × » de la multiplication et la lettre *x* utilisée en algèbre, on utilise le symbole « · » pour indiquer la multiplication.

NO

Propriétés de l'addition et de la multiplication dans $\mathbb{R}$

<table>
<tr><td>L'addition est associative
$(a + b) + c = a + (b + c)$</td><td>La multiplication est associative
$(a \cdot b) \cdot c = a \cdot (b \cdot c)$</td></tr>
<tr><td>L'addition est commutative
$a + b = b + a$</td><td>La multiplication est commutative
$a \cdot b = b \cdot a$</td></tr>
<tr><td>0 est l'élément neutre pour l'addition
$a + 0 = 0 + a = a$</td><td>1 est l'élément neutre pour la multiplication
$a \cdot 1 = 1 \cdot a = a$</td></tr>
<tr><td>Pour tout nombre a, il existe un nombre opposé, noté $-a$, tel que :
$a + (-a) = (-a) + a = 0$</td><td>Pour tout nombre a différent de 0, il existe un nombre inverse, noté $\frac{1}{a}$, tel que :
$a \cdot \frac{1}{a} = \frac{1}{a} \cdot a = 1$</td></tr>
<tr><td colspan="2">La multiplication est distributive sur l'addition et la soustraction
$a \cdot (b + c) = (a \cdot b) + (a \cdot c)$
$a \cdot (b - c) = (a \cdot b) - (a \cdot c)$</td></tr>
</table>

associativité
adsocius (latin) : joint à, associé

commutativité
commutare (latin) : changer une chose contre une autre chose

Attention !
La soustraction et la division ne sont ni associatives, ni commutatives, et n'ont pas d'élément neutre.

Priorités des opérations

On effectue les opérations dans l'ordre suivant :

1. Opérations notées entre parenthèses — $(17 - 5) \cdot 6 = 12 \cdot 6 = 72$
2. Puissances, racines — $45 : 3^2 = 45 : 9 = 5$
3. Multiplications, divisions — $7 + 8 \cdot 5 = 7 + 40 = 47$
4. Additions, soustractions

Lorsque des additions et des soustractions se suivent, on effectue les opérations de gauche à droite. — $75 - 4 + 12 = 71 + 12 = 83$

Lorsque des multiplications et des divisions se suivent, on effectue aussi les opérations de gauche à droite. — $12 : 4 \cdot 15 = 3 \cdot 15 = 45$

Exemple plus complexe

$$\begin{aligned} 2 + 5 \cdot (4^2 + 20 : 4) &= 2 + 5 \cdot (16 + 5) \\ &= 2 + 5 \cdot 21 \\ &= 2 + 105 \\ &= 107 \end{aligned}$$

Autre présentation possible $2 + 5 \cdot (4^2 + 20 : 4)$

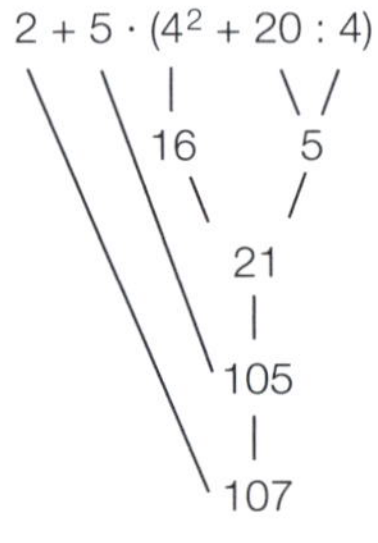

Moyenne de nombres

On considère n nombres réels : $x_1, x_2, x_3, \ldots, x_n$

La moyenne arithmétique de ces n nombres est égale au nombre

$$\frac{x_1 + x_2 + x_3 + \ldots + x_n}{n}$$

Il existe d'autres moyennes : la moyenne harmonique, la moyenne géométrique, etc.

Exemple

La moyenne arithmétique des quatre nombres 5 ; 5,5 ; 3,5 ; 4 est égale au nombre $\frac{5 + 5{,}5 + 3{,}5 + 4}{4} = 4{,}5$

NO

Valeur absolue

Un nombre est constitué de deux parties :

a) un signe + ou – appelé signe prédicatoire,

b) un nombre réel positif appelé valeur absolue.

Exemples

+7 est constitué du signe + et de la valeur absolue 7

−4,2 est constitué du signe – et de la valeur absolue 4,2

La valeur absolue d'un nombre a, notée $|a|$, est aussi appelée la distance entre 0 et le nombre a.

Exemples

$|+7| = 7$ et $|-4{,}2| = 4{,}2$

Deux nombres qui ont la même valeur absolue sont représentés par des points situés à la même distance de zéro.

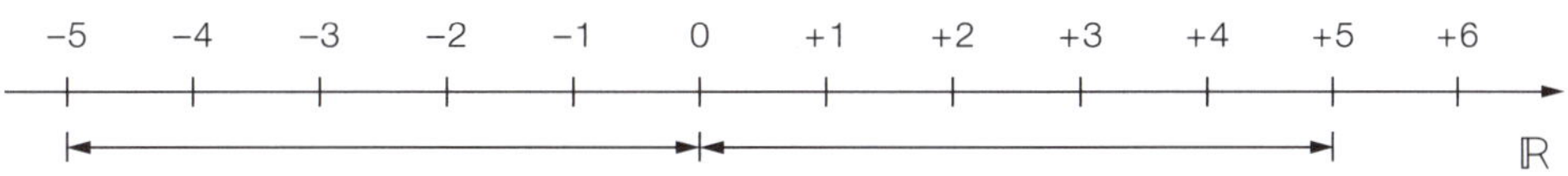

$|-5| = |+5| = 5$

Opposé d'un nombre (p. 13), Nombre entier relatif (p. 18)

Opposé d'un nombre

Deux nombres sont opposés si leur somme est égale à zéro.

opposé
opponere (latin) : placer en face de

Exemples

(+6) et (–6)	sont deux nombres opposés, car	$(+6) + (-6) = 0$
$\left(-\frac{1}{4}\right)$ et $\left(+\frac{1}{4}\right)$	sont deux nombres opposés, car	$\left(-\frac{1}{4}\right) + \left(+\frac{1}{4}\right) = 0$

Deux nombres opposés ont la même valeur absolue et sont de signes différents.

L'opposé d'un nombre x est noté $-x$.

Attention !
Si x est négatif, alors $-x$ est positif.

Propriétés de l'addition et de la multiplication dans ℝ (p. 12), Valeur absolue (p. 13), Inverse d'un nombre (p. 14), Nombre entier relatif (p. 18)

NO

Inverse d'un nombre

Deux nombres sont inverses l'un de l'autre si leur produit est égal à 1.

inverse
inversus (latin) : renversé, interverti

Exemples

4 et 0,25	sont inverses l'un de l'autre, car	$4 \cdot 0{,}25 = 1$
$-\frac{1}{5}$ et -5	sont inverses l'un de l'autre, car	$-\frac{1}{5} \cdot (-5) = 1$
$\frac{5}{8}$ et $\frac{8}{5}$	sont inverses l'un de l'autre, car	$\frac{5}{8} \cdot \frac{8}{5} = 1$

L'inverse d'un nombre x différent de zéro est noté $\frac{1}{x}$ ou x^{-1}.

0 n'a pas d'inverse, car en multipliant 0 par un nombre, on n'obtient jamais 1.

→ Propriétés de l'addition et de la multiplication dans ℝ (p. 12), Opposé d'un nombre (p. 13), Puissance d'exposant négatif (p. 28)

Nombres naturels

Nombre naturel

Un nombre naturel est un nombre entier supérieur ou égal à 0.

On utilise la lettre ℕ pour désigner l'ensemble de tous les nombres naturels.

$\mathbb{N} = \{0 ; 1 ; 2 ; 3 ; 4 ; 5 ; \ldots\}$

Multiple

Si a et b sont deux nombres naturels non nuls, alors a est un multiple de b s'il existe un nombre naturel c tel que $a = c \cdot b$

Exemples

32 est un multiple de 8, car $32 = 4 \cdot 8$

27 n'est pas un multiple de 10

4 ; 8 ; 12 ; 16 ; 20 ; 24 ; 28 ; 32 ; 36 ; …
sont des multiples de 4, et il y en a une infinité

→ Opérations – vocabulaire (p. 11), Diviseur (p. 15)

Multiple commun et ppmc

Un multiple commun de plusieurs nombres naturels est un nombre naturel qui est multiple de chacun d'eux.

Exemple

72 est entre autres un multiple commun de 3, 9 et 12

Le plus petit multiple commun de plusieurs nombres naturels est appelé le ppmc de ces nombres.

Exemple

36 est le ppmc de 3, 9 et 12

→ Diviseur commun et pgdc (p. 16)

Recherche du ppmc de deux nombres naturels

Pour rechercher le ppmc de deux nombres naturels, on peut décomposer chaque nombre en un produit de facteurs premiers.

Exemple

150	2
75	3
25	5
5	5
1	

$150 = 2 \cdot 3 \cdot 5^2$

1485	3
495	3
165	3
55	5
11	11
1	

$1485 = 3^3 \cdot 5 \cdot 11$

Il existe d'autres méthodes pour rechercher le ppmc de deux nombres.

Le ppmc est alors le produit de tous les facteurs premiers différents apparaissant dans les décompositions, écrits chacun une seule fois avec son plus grand exposant.

$$\text{ppmc}(150\,;\,1485) = 2 \cdot 3^3 \cdot 5^2 \cdot 11 = 14\,850$$

→ Nombre premier (p. 16), Décomposition en produit de facteurs premiers (p. 17), Nombres premiers entre eux (p. 18)

Critères de divisibilité

Un nombre naturel se divise par :

2	s'il se termine par 0, 2, 4, 6 ou 8 ; on dit alors qu'il est pair
3	si la somme de ses chiffres se divise par 3
4	si le nombre formé par ses deux derniers chiffres se divise par 4, notamment s'il se termine par 00
5	s'il se termine par 0 ou par 5
6	s'il se divise par 2 et par 3
9	si la somme de ses chiffres se divise par 9
10	s'il se termine par 0
25	s'il se termine par 00, 25, 50 ou 75
50	s'il se termine par 00 ou 50
100	s'il se termine par 00

→ Multiple (p. 14), Diviseur (p. 15), Nombre premier (p. 16)

Diviseur

Si a et b sont deux nombres naturels non nuls, alors b est un diviseur de a s'il existe un nombre naturel c tel que $a = b \cdot c$

Exemples

7 est un diviseur de 21, car $21 = 7 \cdot 3$

5 n'est pas un diviseur de 23

1 ; 2 ; 3 ; 4 ; 6 ; 12 sont les diviseurs de 12

→ Opérations – vocabulaire (p. 11), Multiple (p. 14), Critères de divisibilité (p. 15)

NO

Diviseur commun et pgdc

Un diviseur commun de plusieurs nombres naturels est un nombre naturel qui est diviseur de chacun d'eux.

Exemple
2 est un diviseur commun de 16, 24 et 40, car 2 est diviseur de ces trois nombres

Le plus grand diviseur commun de plusieurs nombres naturels est appelé le pgdc de ces nombres.

Exemple
8 est le pgdc de 16, 24 et 40

⇢ Multiple commun et ppmc (p. 14)

Recherche du pgdc de deux nombres naturels

Pour rechercher le pgdc de deux nombres naturels, on peut décomposer chaque nombre en un produit de facteurs premiers.

Exemple

378	2
189	3
63	3
21	3
7	7
1	

1260	2
630	2
315	3
105	3
35	5
7	7
1	

$378 = 2 \cdot 3^3 \cdot 7$ $1260 = 2^2 \cdot 3^2 \cdot 5 \cdot 7$

Il existe d'autres méthodes pour rechercher le pgdc de deux nombres.

Le pgdc est alors le produit des facteurs premiers communs aux deux décompositions, écrits chacun une seule fois avec son plus petit exposant.

Si aucun facteur premier n'est commun aux décompositions, le pgdc est alors égal à 1.

$$\text{pgdc}(378\,;\,1260) = 2 \cdot 3^2 \cdot 7 = 126$$

⇢ Nombre premier (p. 16), Décomposition en produit de facteurs premiers (p. 17), Nombres premiers entre eux (p. 18)

Nombre premier

Un nombre premier est un nombre naturel qui a exactement deux diviseurs : 1 et lui-même.

Exemples
7, 13, 19

Attention !
1 n'est pas un nombre premier.

⇢ Multiple (p. 14), Diviseur (p. 15)

Liste des nombres premiers inférieurs à 1000

2	101	211	307	401	503	601	701	809	907
3	103	223	311	409	509	607	709	811	911
5	107	227	313	419	521	613	719	821	919
7	109	229	317	421	523	617	727	823	929
11	113	233	331	431	541	619	733	827	937
13	127	239	337	433	547	631	739	829	941
17	131	241	347	439	557	641	743	839	947
19	137	251	349	443	563	643	751	853	953
23	139	257	353	449	569	647	757	857	967
29	149	263	359	457	571	653	761	859	971
31	151	269	367	461	577	659	769	863	977
37	157	271	373	463	587	661	773	877	983
41	163	277	379	467	593	673	787	881	991
43	167	281	383	479	599	677	797	883	997
47	173	283	389	487		683		887	
53	179	293	397	491		691			
59	181			499					
61	191								
67	193								
71	197								
73	199								
79									
83									
89									
97									

Décomposition en produit de facteurs premiers

Tout nombre naturel se décompose de manière unique en un produit de facteurs premiers.

décomposition
decomponere (latin) : séparer, mettre en plusieurs morceaux

Exemples

$24 = 2 \cdot 2 \cdot 2 \cdot 3 = 2^3 \cdot 3$

$126 = 2 \cdot 3 \cdot 3 \cdot 7 = 2 \cdot 3^2 \cdot 7$

Pour décomposer un nombre naturel en un produit de facteurs premiers, on peut par exemple procéder ainsi :

495	3
165	3
55	5
11	11
1	

$495 = 3 \cdot 3 \cdot 5 \cdot 11 = 3^2 \cdot 5 \cdot 11$

On peut procéder différemment, par exemple :

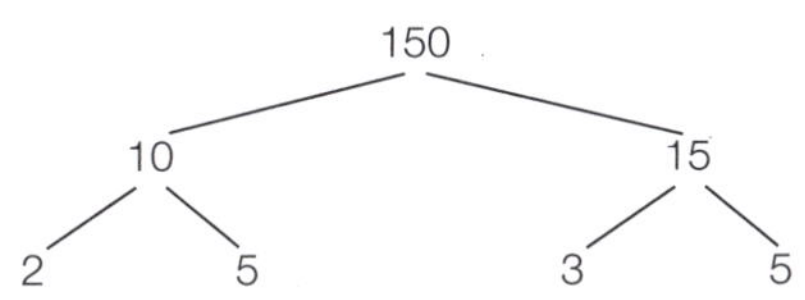

$150 = 2 \cdot 5 \cdot 3 \cdot 5 = 2 \cdot 3 \cdot 5^2$

Opérations – vocabulaire (p. 11)

Nombres premiers entre eux

Des nombres naturels sont premiers entre eux si leur seul diviseur commun est 1.

Exemples

9 et 16 sont premiers entre eux, de même que 7 et 15

12 et 8 ne sont pas premiers entre eux

Nombres relatifs

Nombre entier relatif

Un nombre entier relatif est un nombre entier, positif ou négatif.

On désigne par la lettre $\mathbb{Z}$ l'ensemble de tous les nombres entiers relatifs.

$\mathbb{Z} = \{\ldots ; -5 ; -4 ; -3 ; -2 ; -1 ; 0 ; 1 ; 2 ; 3 ; 4 ; 5 ; \ldots\}$

L'ensemble des nombres entiers relatifs est composé des nombres naturels et de leurs opposés.

Tout nombre entier relatif (sauf zéro) s'écrit à l'aide du signe + ou du signe – et d'un nombre naturel appelé sa valeur absolue.
En écriture simplifiée, on ne note pas le signe + des nombres positifs.

0 est le seul nombre à la fois positif et négatif.

Autre dénomination
L'ensemble des nombres entiers relatifs est aussi appelé l'ensemble des nombres entiers.

Exemples

$(+5)$; 0 ; (-27) ; $\left(+\frac{9}{3}\right)$; …	sont des nombres entiers relatifs
$(+3{,}8)$; $(-4{,}57)$; $\left(+\frac{1}{3}\right)$; …	sont des nombres relatifs, mais pas des nombres entiers relatifs

⋯› Ensembles de nombres (p. 10), Opposé d'un nombre (p. 13), Valeur absolue (p. 13)

Addition de nombres relatifs

Pour additionner des nombres de même signe :
- on additionne leurs valeurs absolues ;
- on donne au résultat le signe commun.

Pour additionner des nombres de signes différents :
- on soustrait la plus petite valeur absolue de la plus grande ;
- on donne au résultat le signe du nombre qui a la plus grande valeur absolue.

Exemples

$(+5) + (+7) = (+12) = +12 = 12$

$(-4) + (-7{,}5) = (-11{,}5) = -11{,}5$

$(+6) + (-9) = (-3) = -3$

$(-5) + (+2{,}3) = (-2{,}7) = -2{,}7$

On peut également effectuer des additions (ou soustractions) par des représentations de déplacements sur une droite numérique ou sur un thermomètre.

Ecriture simplifiée d'une somme de nombres relatifs

Pour alléger l'écriture d'une somme de nombres relatifs, on peut supprimer :

- toutes les parenthèses ;
- les signes opératoires de l'addition ;
- le signe prédicatoire + s'il se trouve au début de l'écriture.

Exemples

(–4) + (+12) + (–27)	peut s'écrire	–4 + 12 – 27
(+2,5) + (–2) + (+0,5)	peut s'écrire	2,5 – 2 + 0,5

Soustraction de nombres relatifs

Pour soustraire un nombre, on additionne son opposé.

Exemples

(+5) – (+7) = (+5) + (–7) = 5 – 7 = –2

(–5) – (+7) = (–5) + (–7) = –5 – 7 = –12

(+5) – (–7) = (+5) + (+7) = 5 + 7 = 12

(–5) – (–7) = (–5) + (+7) = –5 + 7 = 2

(–4,2) – (+2,3) = (–4,2) + (–2,3) = –4,2 – 2,3 = –6,5

→ Opposé d'un nombre (p. 13)

Multiplication de nombres relatifs

Pour multiplier deux nombres relatifs :

- on multiplie leurs valeurs absolues ;
- on donne le signe + au produit si les deux nombres sont de même signe ;
- on donne le signe – au produit si les deux nombres sont de signes différents.

Exemples

(+2) · (+3,5) = (+7) = +7 = 7

(–2) · (–3,5) = (+7) = +7 = 7

(+2) · (–3,5) = (–7) = –7

(–2) · (+3,5) = (–7) = –7

→ Opérations – vocabulaire (p. 11)

Division de nombres relatifs

Pour diviser deux nombres relatifs :

- on divise leurs valeurs absolues ;
- on donne le signe + au quotient si les deux nombres sont de même signe ;
- on donne le signe – au quotient si les deux nombres sont de signes différents.

Exemples

(+28) : (+8) = (+3,5) = +3,5 = 3,5

(–28) : (–8) = (+3,5) = +3,5 = 3,5

(+28) : (–8) = (–3,5) = –3,5

(–28) : (+8) = (–3,5) = –3,5

NO

Nombres rationnels

Nombre rationnel

Un nombre rationnel est un nombre qui peut s'exprimer comme le quotient $\frac{a}{b}$ de deux nombres entiers relatifs a et b, b étant non nul.

rationnel
ratio (latin) : pouvoir de raison, raisonnable, ou qui est le rapport de deux nombres

Exemples

$1{,}4 = \frac{14}{10} = \frac{-7}{-5} = \frac{7}{5}$ est un nombre rationnel

$-0{,}\overline{6} = \frac{-2}{3} = \frac{4}{-6} = -\frac{2}{3}$ est un nombre rationnel

On évite d'écrire, par exemple, $\frac{2}{-3}$.
On préfère écrire $\frac{-2}{3}$ ou $-\frac{2}{3}$.

On désigne par la lettre $\mathbb{Q}$ l'ensemble de tous les nombres rationnels.

Un nombre rationnel a une écriture décimale finie ou périodique.

Exemples

-2 ; $-\frac{7}{5}$; 0 ; $\frac{1}{4}$; $0{,}5$; $\frac{2}{3}$; $8{,}\overline{45}$; … sont des nombres rationnels

π ; $\sqrt{2}$; … ne sont pas des nombres rationnels

⇢ Ensembles de nombres (p. 10), Nombre irrationnel (p. 27)

Nombre rationnel périodique

Les nombres rationnels périodiques ont une écriture décimale illimitée ; on dit également de cette écriture qu'elle est périodique.

période
periodos (grec) : le circuit, le mouvement périodique

Exemples

$\frac{15}{11} = 1{,}363636\ldots = 1{,}\overline{36}$ La longueur de la période est 2
La séquence des chiffres 3 et 6 se répète indéfiniment

$\frac{23}{6} = 3{,}8333\ldots = 3{,}8\overline{3}$ La longueur de la période est 1
Le chiffre 3 se répète indéfiniment

Attention !
$0{,}\overline{9} = 3 \cdot \frac{1}{3} = 1$

On n'indique pas une période de zéro :
$\frac{3}{2} = 1{,}5\overline{0} = 1{,}5$

⇢ Nombre décimal (p. 21), Nombre irrationnel (p. 27), Différentes écritures d'un nombre (p. 27)

Nombre décimal

Un nombre décimal est un nombre dont l'écriture décimale possède un nombre fini de chiffres non nuls après la virgule. C'est le quotient d'un nombre entier par une puissance de dix.

décimal
decem (latin) : dix
decimus (latin) : dixième

Exemples

1,5 ; 15,375 ; 7 ; −8,42 ; $\frac{3}{2}$; $\frac{12}{4}$; …	sont des nombres décimaux
0,16666… ; $1,\bar{3}$; $\frac{2}{7}$; …	ne sont pas des nombres décimaux

→ Nombre rationnel (p. 20), Puissances de dix (p. 28)

Ecriture décimale

Les décimales sont les chiffres figurant après la virgule.

La numération décimale est la numération en base dix.

$$4272{,}512 = 4000 + 200 + 70 + 2 + \frac{5}{10} + \frac{1}{100} + \frac{2}{1000}$$
$$= 4 \cdot 10^3 + 2 \cdot 10^2 + 7 \cdot 10^1 + 2 \cdot 10^0 + 5 \cdot 10^{-1} + 1 \cdot 10^{-2} + 2 \cdot 10^{-3}$$

→ Puissances de dix (p. 28), Notation scientifique (p. 29)

Représentation de nombres décimaux sur une droite graduée

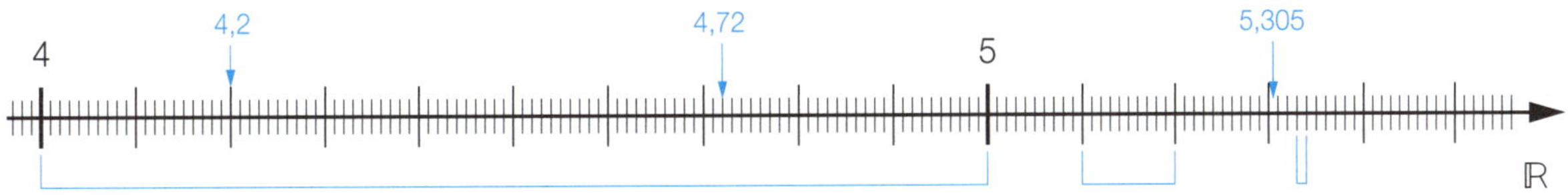

une unité	un dixième	un centième
1	$\frac{1}{10}$	$\frac{1}{100}$
(5 – 4)	(5,2 – 5,1 = 0,1)	(5,34 – 5,33 = 0,01)

Addition et soustraction de nombres décimaux

Pour additionner ou soustraire des nombres décimaux, on peut par exemple procéder ainsi :

	… centaines	dizaines	unités	dixièmes	centièmes …
	1	4^{1}	$7,^{1}$	3	
		3	1		
+			4,	7	8
	1	8	3,	0	8

	… dizaines	unités	dixièmes	centièmes …
		4	15	10
	4	$\not5$,	$\not6$	
−		3,	9	6
	4	1,	6	4

Multiplication de nombres décimaux

Pour multiplier deux nombres décimaux, on peut par exemple procéder ainsi :

multiplication à effectuer : 1,5 · 9,04

estimation : 1,5 · 10 = 15

multiplication de nombres naturels :

```
      1 5
    · 9 0 4
    -------
      6 0
    0 0 0
+ 1 3 5 0 0
-----------
  1 3 5 6 0
```

produit cherché : 1,5 · 9,04 = 13,56

Il existe d'autres méthodes pour multiplier des nombres décimaux.

Contrairement à l'addition et à la soustraction, la disposition des nombres dans la multiplication ne modifie pas la suite des chiffres du résultat.

Exemple

multiplication à effectuer :

1,5 · 9,04

multiplications de nombres naturels :

```
        1 5            1 5 0          9 0 4
      · 9 0 4        · 9 0 4          · 1 5
      -------        -------        -------
        6 0            6 0 0        4 5 2 0
      0 0 0          0 0 0 0      + 9 0 4 0
  + 1 3 5 0 0    + 1 3 5 0 0 0    ---------
  -----------    -------------    1 3 5 6 0
    1 3 5 6 0      1 3 5 6 0 0
```

Il ne reste donc plus qu'à placer la virgule au bon endroit. Cela peut se faire :

a) par une estimation : 1,5 · 9,04 ≅ 1,5 · 10 = 15, donc le résultat est 13,56 ;

b) en totalisant les décimales des deux nombres à multiplier pour en faire le nombre de décimales du résultat :
- multiplications 1 et 3 : trois décimales au départ (5, 0 et 4), donc trois à l'arrivée (5, 6 et 0) ;
- multiplication 2 : quatre décimales au départ (5, 0, 0 et 4), donc quatre à l'arrivée (5, 6, 0 et 0), et le résultat est également 13,56.

→ Opérations – vocabulaire (p. 11)

Division d'un nombre décimal par un autre nombre décimal

On ne change pas le quotient de deux nombres si on les multiplie par un même nombre non nul.

Exemples

6 : 1,2 = 60 : 12 = 5

4,5 : 25 = 18 : 100 = 0,18

Pour diviser un nombre décimal par un autre nombre décimal, on peut par exemple procéder ainsi :

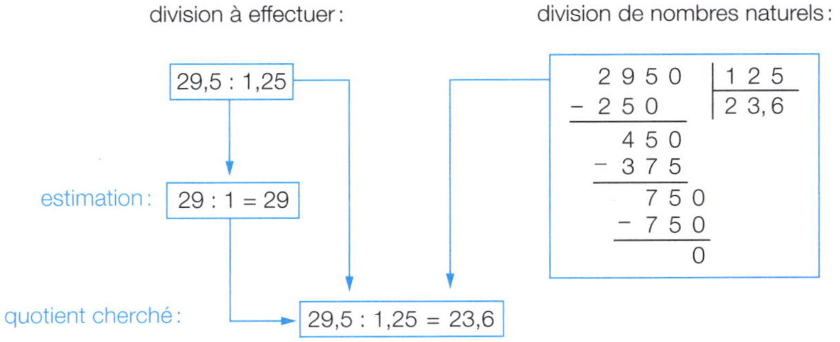

Pour effectuer une division, il est utile que le diviseur soit un nombre entier.

Opérations – vocabulaire (p. 11)

Approximation d'un nombre

Donner une approximation d'un nombre, c'est donner une valeur approchée de ce nombre.

approximation
approximare (latin) : approcher

Nombre	Valeur approchée …
0,468	… au centième : 0,47
1,741	… au dixième : 1,7
7,8	… à l'unité : 8
124	… à la dizaine : 120
5247	… à la centaine : 5200
3828	… au millier : 4000

Arrondir un nombre est une façon d'en donner une approximation.

Arrondir un nombre au centième, c'est donner une valeur approchée de ce nombre avec un nombre entier de centièmes.

La précision d'une approximation dépend du contexte de la situation.

Exemple

Pour un automobiliste, 147 km ≅ 150 km,
mais pour un marcheur 7 km n'est pas proche de 10 km

La troncature à l'unité d'un nombre est sa partie entière.

La troncature à l'unité de 4,962 est 4.

Il existe d'autres manières de tronquer un nombre : la troncature au dixième de 12,367 vaut 12,3, sa troncature au centième est égale à 12,36.

Nombre décimal (p. 21)

NO

Chiffres significatifs d'un nombre

Les chiffres significatifs d'un nombre sont tous ses chiffres, excepté tous les zéros situés devant le premier chiffre non nul.

Exemple

Les nombres 230 ; 2,40 ; 1,04 et 0,0888 ont trois chiffres significatifs

Suivant le contexte, en sciences expérimentales, en économie, les zéros finaux sont significatifs ou non, selon la précision des mesures et des calculs.

Exemple

Dans 40 000, indiquant l'ordre de grandeur de la longueur de l'équateur en kilomètres, les zéros ne sont pas significatifs

Dans 40 000, indiquant le prix exact en francs suisses payé pour une voiture, tous les chiffres sont significatifs

Ecriture fractionnaire ou fraction

Une écriture fractionnaire ou fraction est le rapport du nombre *a* au nombre *b* (*b* différent de 0) noté $\frac{a}{b}$.

fraction
frangere (latin) : briser, casser

$\frac{3}{4}$ ← numérateur (ou dividende) ; ← barre de fraction ; ← dénominateur (ou diviseur)

Exemple

$\frac{3}{4}$, parfois écrit ¾, est le rapport du nombre 3 au nombre 4

$\frac{3}{4}$ se lit « trois quarts » $\frac{1}{3}$ se lit « un tiers » $\frac{5}{6}$ se lit « cinq sixièmes »

$\frac{5}{2}$ se lit « cinq demis » $\frac{7}{5}$ se lit « sept cinquièmes » …

Attention !
Un nombre rationnel peut se présenter sous des écritures fractionnaires diverses :

$\frac{3}{4} = \frac{6}{8} = \frac{9}{12} = \frac{75}{100} = \dots$

Le dénominateur sert également à nommer la fraction :

$\frac{3}{5}$, il s'agit de cinquièmes

Transformation d'une écriture fractionnaire en écriture décimale

L'amplification, la simplification ou encore la division du numérateur par le dénominateur permettent de trouver l'écriture décimale d'une écriture fractionnaire.

Exemples

$\frac{3}{4} = \frac{75}{100} = 0{,}75$ $\frac{14}{70} = \frac{2}{10} = 0{,}2$ $\frac{3}{11} = 0{,}272727\dots = 0{,}\overline{27}$

$\frac{3}{20} = \frac{15}{100} = 0{,}15$ $\frac{2}{3} = 0{,}666666666\dots = 0{,}\overline{6}$

→ Simplification de fractions (p. 25), Amplification de fractions (p. 25)

Transformation d'une écriture décimale en écriture fractionnaire

Pour transformer une écriture décimale en écriture fractionnaire, on l'écrit sous la forme d'une fraction dont le dénominateur est une puissance de 10.

Exemples

$0{,}005 = \frac{5}{1000} = \frac{1}{200}$ $\quad$ $1{,}25 = \frac{125}{100} = \frac{5}{4}$

Tous les nombres ne peuvent pas être écrits sous la forme d'une fraction dont le dénominateur est une puissance de 10.

Exemples

$1{,}\overline{6} = \frac{5}{3}$ $\quad$ $0{,}\overline{7} = \frac{7}{9}$

···› Nombre décimal (p. 21)

Simplification de fractions

Simplifier une fraction, c'est diviser son numérateur et son dénominateur par un même nombre entier (non nul).
On obtient ainsi deux écritures différentes d'un même nombre.

Une fraction que l'on ne peut plus simplifier est une fraction irréductible.

$\frac{84}{70} = \frac{12}{10}$ (: 7 ; : 7) $\quad$ $\frac{48}{36} = \frac{8}{6} = \frac{4}{3}$ (: 6 ; : 6, puis : 2 ; : 2)

Exemples

$\frac{1}{4}$; $\frac{11}{5}$; $-\frac{3}{7}$; … sont des fractions irréductibles

Amplification de fractions

Amplifier une fraction, c'est multiplier son numérateur et son dénominateur par un même nombre entier (non nul). On obtient ainsi deux écritures différentes d'un même nombre.

$\frac{2}{3} = \frac{6}{9}$ (· 3 ; · 3) $\quad$ $\frac{3}{20} = \frac{15}{100}$ (· 5 ; · 5)

Addition et soustraction de fractions

Lorsque les dénominateurs sont égaux

Pour additionner (ou soustraire) deux fractions ayant le même dénominateur :

1. on conserve leur dénominateur commun ;
2. on additionne (ou soustrait) les deux numérateurs.

$\frac{a}{c} + \frac{b}{c} = \frac{a+b}{c}$ (*c* différent de zéro)

$\frac{a}{c} - \frac{b}{c} = \frac{a-b}{c}$ (*c* différent de zéro)

$\frac{5}{8} + \frac{7}{8} = \frac{12}{8}$ ← somme des numérateurs

même dénominateur

$\frac{8}{5} - \frac{6}{5} = \frac{2}{5}$ ← différence des numérateurs

même dénominateur

Lorsque les dénominateurs sont différents

Pour additionner (ou soustraire) deux fractions ayant des dénominateurs différents :

1. on écrit des fractions égales aux fractions données, mais possédant le même dénominateur ;
2. on conserve leur dénominateur commun ;
3. on additionne (ou soustrait) les deux numérateurs.

On trouve parfois l'écriture 4½ pour $4 + \frac{1}{2}$.

$\frac{a}{b} + \frac{c}{d} = \frac{ad+bc}{bd}$ (*b* et *d* différents de zéro)

$\frac{a}{b} - \frac{c}{d} = \frac{ad-bc}{bd}$ (*b* et *d* différents de zéro)

·3 ·2

$\frac{1}{4} + \frac{5}{6} = \frac{3}{12} + \frac{10}{12} = \frac{13}{12}$

·3 ·2

·3 ·5

$\frac{7}{5} - \frac{2}{3} = \frac{21}{15} - \frac{10}{15} = \frac{11}{15}$

·3 ·5

Multiple commun et ppmc (p. 14), Amplification de fractions (p. 25)

Multiplication de fractions

Pour multiplier des fractions, on multiplie leurs numérateurs entre eux et leurs dénominateurs entre eux.

$\frac{a}{b} \cdot \frac{c}{d} = \frac{a \cdot c}{b \cdot d}$ (*b* et *d* différents de zéro)

$\frac{3}{5} \cdot \frac{4}{7} = \frac{12}{35}$ ← produit des numérateurs ← produit des dénominateurs

Division d'une fraction par une autre fraction

Pour diviser une fraction par une autre fraction, on multiplie la première par l'inverse de la seconde.

$\frac{a}{b} : \frac{c}{d} = \frac{a}{b} \cdot \frac{d}{c} = \frac{a \cdot d}{b \cdot c}$ (*b*, *c* et *d* différents de zéro)

Exemple

$\frac{2}{9} : \frac{5}{4} = \frac{2}{9} \cdot \frac{4}{5} = \frac{8}{45}$

Inverse d'un nombre (p. 14), Simplification de fractions (p. 25)

Nombres réels

Nombre réel

L'ensemble des nombres réels est constitué de tous les nombres susceptibles de mesurer un segment, de l'opposé de chacun de ces nombres ainsi que de 0.

On désigne par la lettre $\mathbb{R}$ l'ensemble des nombres réels.

Exemples

$2{,}5$; -9 ; $\frac{-2}{5}$; $\frac{\sqrt{5}}{3}$; π ; … sont des nombres réels

L'ensemble des nombres réels réunit les nombres rationnels et les nombres irrationnels.

Nombre irrationnel

Les nombres irrationnels appartiennent à l'ensemble des nombres réels, mais pas à l'ensemble des nombres rationnels. On ne peut pas les écrire sous forme de fraction. Ils n'ont pas d'écriture décimale finie ou périodique.

Exemples

$\pi = 3{,}14159265\ldots$

$\sqrt{2} = 1{,}41421356\ldots$

$\frac{1+\sqrt{5}}{2} = 1{,}61803398\ldots$

$0{,}123456789101112\ldots$

$1{,}110100100010000\ldots$

…

Ensembles de nombres (p. 10), Nombre rationnel (p. 20), Nombre rationnel périodique (p. 20), Nombre décimal (p. 21)

Différentes écritures d'un nombre

Tout nombre possède une infinité d'écritures différentes.

Exemple

$\frac{4}{10} = \frac{2}{5} = 0{,}40 = \frac{40}{100} = 40\,\% = 4 \cdot 10^{-1} = 0{,}4 = \ldots$

$\frac{1}{\sqrt{2}} = \frac{\sqrt{2}}{2}$

$\sqrt{45} = 3\sqrt{5}$

Puissances et racines

Puissance

NO

On appelle puissance la notation a^n indiquant le produit de n facteurs a, n étant un nombre naturel.

$$\underbrace{a \cdot a \cdot a \cdot a \cdot \ldots \cdot a}_{n \text{ facteurs}} = a^n \qquad \underbrace{4 \cdot 4 \cdot 4 \cdot 4 \cdot 4}_{5 \text{ facteurs}} = 4^5$$

exposant : 5 ; base : 4

a^2 se lit «a au carré» a^3 se lit «a au cube» a^5 se lit «a exposant 5»

Cas particuliers
$a^0 = 1$ $(a \neq 0)$
$a^1 = a$

Autre dénomination
4^5 se lit aussi «4 puissance 5».

Le carré d'un nombre entier est aussi appelé carré parfait. 1, 4, 9, 16, 25, … sont des carrés parfaits.

Puissances d'exposant négatif

Une puissance d'exposant négatif est l'inverse d'une puissance positive.

$$a^{-n} = \frac{1}{a^n}$$ (a différent de zéro et $n \in \mathbb{N}$)

Exemples

$10^{-3} = \frac{1}{10^3} = 0{,}001$

$2^{-2} = \frac{1}{2^2} = \frac{1}{4} = 0{,}25$

Puissances de dix

On appelle puissance de dix le nombre noté 10^n ($n \in \mathbb{N}$), ou $\frac{1}{10^p}$, noté aussi 10^{-p} ($p \in \mathbb{N}$).

Puissance	Ecriture décimale	Nom	Préfixe	Symbole
…				
10^9	1 000 000 000	milliard	giga	G
10^6	1 000 000	million	méga	M
10^3	1 000	mille	kilo	k
10^2	100	cent	hecto	h
10^1	10	dix	déca	da
10^0	1	un		
10^{-1}	0,1	dixième	déci	d
10^{-2}	0,01	centième	centi	c
10^{-3}	0,001	millième	milli	m
10^{-6}	0,000 001	millionième	micro	µ
10^{-9}	0,000 000 001	milliardième	nano	n
…				

Exemples
1 GW = 10^9 W
1 Mo = 10^6 o
1 km = 1000 m
1 hl = 100 l
1 mg = 0,001 g
1 µs = 10^{-6} s

Puissance (p. 28), Puissance d'exposant négatif (p.28), Notation scientifique (p. 29), Unités de mesure (pp. 120-121)

Propriétés des puissances

	Cas général	**Exemple**
Produit de puissances de même base :	$a^m \cdot a^n = a^{m+n}$	$4^2 \cdot 4^3 = 4^{2+3} = 4^5$
Quotient de puissances de même base :	$a^m : a^n = a^{m-n}$	$6^5 : 6^3 = 6^{5-3} = 6^2$
Puissance d'une puissance :	$(a^m)^n = a^{m \cdot n}$	$(10^2)^3 = 10^{2 \cdot 3} = 10^6$
Puissance d'un produit :	$(a \cdot b)^m = a^m \cdot b^m$	$(10 \cdot 5)^2 = 10^2 \cdot 5^2 = 2500$
Puissance d'un quotient :	$\left(\frac{a}{b}\right)^n = \frac{a^n}{b^n}$	$\left(\frac{3}{4}\right)^3 = \frac{3^3}{4^3} = \frac{27}{64}$

Notation scientifique

Un nombre positif est écrit en notation scientifique s'il est écrit sous la forme $a \cdot 10^n$ où :

$1 \leqslant a < 10$;

n est un nombre entier.

On peut aussi écrire un nombre négatif en écriture scientifique. Par exemple, $-5000 = -5 \cdot 10^3$

Exemples

$125\,000 = 1{,}25 \cdot 10^5$

$0{,}001 = 1 \cdot 10^{-3} = 10^{-3}$

$756 = 7{,}56 \cdot 10^2$

$0{,}0007 = 7 \cdot 10^{-4}$

diamètre d'un noyau d'atome $\cong 1 \cdot 10^{-15}$ m $= 0{,}000\,000\,000\,000\,001$ m

masse de la Terre $\cong 5{,}97 \cdot 10^{24}$ kg $= 5\,970\,000\,000\,000\,000\,000\,000\,000$ kg

→ Nombre entier relatif (p. 18), Puissances de dix (p. 28)

Racine

Racine carrée

La racine carrée d'un nombre réel positif x est le nombre positif dont le carré est égal à x. On le désigne par $\sqrt{x}$.

Exemples $\sqrt{81} = 9$ car $9^2 = 81$ $\sqrt{2{,}25} = 1{,}5$ car $1{,}5^2 = 2{,}25$

Attention !
Dans l'ensemble des nombres réels, l'écriture $\sqrt{x}$ n'a de sens que si x est un nombre positif.

Racine *n*-ième

La racine n-ième d'un nombre x est le nombre dont la n-ième puissance est égale à x (si n est pair, alors ce nombre est positif). On le désigne par $\sqrt[n]{x}$.

Si $x = 0$, alors $\sqrt[n]{x} = 0$;
Si x est positif, alors $\sqrt[n]{x}$ est un nombre positif ;
Si x est négatif et n est impair, alors $\sqrt[n]{x}$ est un nombre négatif ;
Si x est négatif et n est pair, alors x n'a pas de racine n-ième dans les nombres réels.

Exemples

$\sqrt[3]{-125} = -5$ car $(-5)^3 = -125$

$\sqrt[5]{32} = 2$ car $2^5 = 32$

$\sqrt[6]{64} = 2$ car $2^6 = 64$

en revanche, -64 n'a pas de racine 6-ième dans les nombres réels

→ Puissance (p. 28)

NO

Propriétés des racines

	Cas général		**Exemple**
Produit des racines	$\sqrt{a} \cdot \sqrt{b} = \sqrt{a \cdot b}$	$(a \geqslant 0$ et $b \geqslant 0)$	$\sqrt{18} \cdot \sqrt{2} = \sqrt{18 \cdot 2} = \sqrt{36} = 6$
Quotient de racines	$\frac{\sqrt{a}}{\sqrt{b}} = \sqrt{\frac{a}{b}}$	$(a \geqslant 0$ et $b > 0)$	$\frac{\sqrt{40}}{\sqrt{10}} = \sqrt{\frac{40}{10}} = \sqrt{4} = 2$

En général
$\sqrt{a+b} \neq \sqrt{a} + \sqrt{b}$ et $\sqrt{a-b} \neq \sqrt{a} - \sqrt{b}$

Probabilités

Probabilité

La probabilité qu'un événement se produise est fréquemment égale au rapport
$\frac{\text{nombre de cas favorables}}{\text{nombre de cas possibles}}$.

On l'exprime par un nombre compris entre zéro et un.

Exemple

La probabilité d'obtenir un total de « cinq » en lançant deux dés conventionnels à six faces est $\frac{4}{36} = \frac{1}{9}$, soit une chance sur neuf, car il existe :

- 4 cas favorables : (1 ; 4) (2 ; 3) (3 ; 2) (4 ; 1)
- 36 cas possibles : (1 ; 1) (1 ; 2) (1 ; 3) (1 ; 4) (1 ; 5) (1 ; 6)
  (2 ; 1) (2 ; 2) (2 ; 3) …
  …
  (6 ; 1) (6 ; 2) (6 ; 3) (6 ; 4) (6 ; 5) (6 ; 6)

→ Nombre rationnel (p. 20)

Fonctions et algèbre – FA

Fonctions

Fonction

Une fonction (ou une application) d'un ensemble de départ (E) vers un ensemble d'arrivée (F) est une relation qui, à chaque élément de E, fait correspondre exactement un élément de F.

Si f désigne cette fonction, on note $f: E \longrightarrow F$

E est l'ensemble de départ de la fonction et F en est l'ensemble d'arrivée.

Si b est un élément de E, on désigne par $f(b)$ l'élément de F qui correspond à b.

$f(b)$ est l'image de b par f et l'on note : $b \longmapsto f(b)$

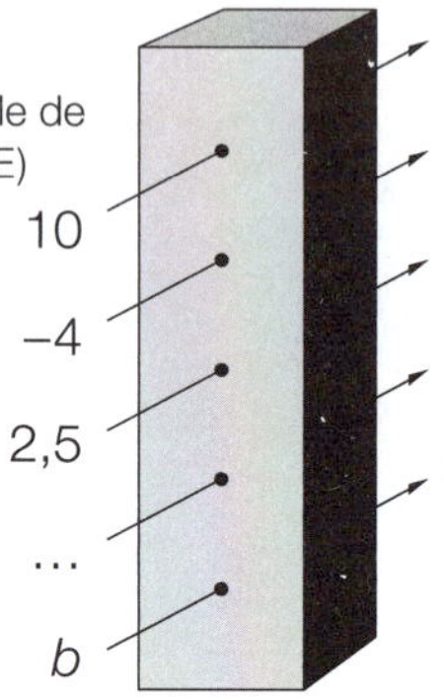

FA

Exemples

Pour trouver l'aire d'un carré, on élève au carré la mesure de son côté :

Mesure du côté du carré (cm)	2	2,5	4	...	c
Aire du carré (cm^2)	4	6,25	16	...	c^2

Pour trouver le prix à payer de n'importe quelle quantité (exprimée en kg) d'une marchandise qui coûte Fr. 1.80 le kg, on multiplie cette quantité par 1,8 :

Quantité d'une marchandise (kg)	1	3	...	x
Prix (Fr.)	1.80	5.40	...	$1{,}8x$

Ensembles de nombres (p. 10)

Représentations d'une fonction f

Considérons par exemple la fonction f qui associe à tout nombre son triple diminué de 5. On peut la représenter par :

un tableau de valeurs :

Eléments de l'ensemble de départ	20	1	4,5	...	x
Images dans l'ensemble d'arrivée	55	–2	8,5	...	$3x - 5$

une représentation graphique :

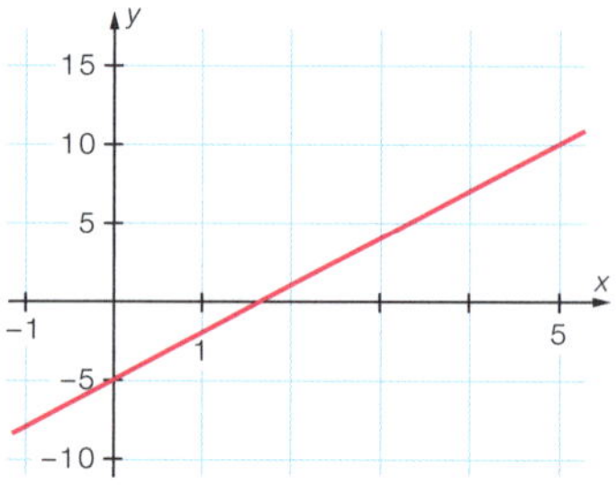

une expression fonctionnelle :

$x \longmapsto 3x - 5$

ou $f(x) = 3x - 5$

ou $y = 3x - 5$

Dans cette écriture, x représente un nombre de l'ensemble de départ et $3x - 5$ le nombre correspondant de l'ensemble d'arrivée.

Repérage d'un point dans le plan (p. 69)

Croissance et décroissance d'une fonction

Sur un intervalle donné, si la valeur des images augmente lorsque la valeur de la variable augmente, alors la fonction est croissante.

Sur un intervalle donné, si la valeur des images diminue lorsque la valeur de la variable augmente, alors la fonction est décroissante.

$f : x \longmapsto 2x$

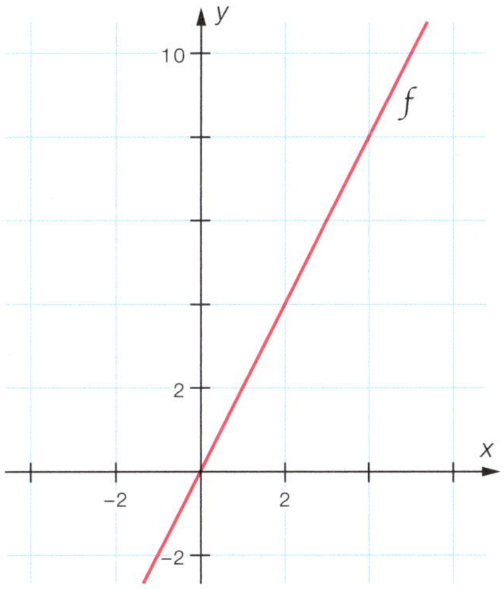

x	−3	−1	0	2,5	...
$f(x) = 2x$	−6	−2	0	5	...

La fonction f est partout croissante.
Plus x est grand, plus $f(x)$ l'est aussi.

$g : x \longmapsto (x-2)^2$

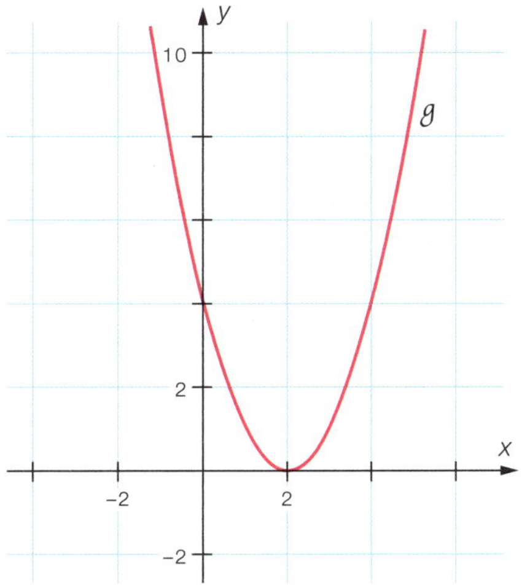

x	−2	0	2	3	4	...
$g(x) = (x-2)^2$	16	4	0	1	4	...

La fonction g décroît lorsque x croît de $-\infty$ à 2, s'annule pour $x = 2$ et croît lorsque x croît de 2 à $+\infty$.

Fonction constante

Une fonction constante est une fonction de la forme $x \longmapsto b$

La représentation graphique d'une fonction constante est une droite parallèle à l'axe des abscisses.

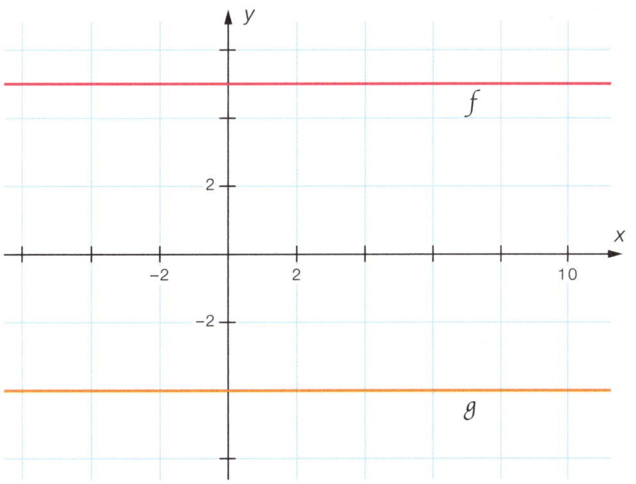

$f : x \longmapsto 5$ $\qquad$ $g : x \longmapsto -4$

Fonction (p. 38)

Fonction linéaire

Une fonction linéaire est une fonction de la forme $x \longmapsto ax$

Le nombre réel a s'appelle le facteur de linéarité (ou coefficient de linéarité).

La représentation graphique d'une fonction linéaire est une droite qui passe par l'origine des axes.

Le nombre a correspond à la pente de la droite.

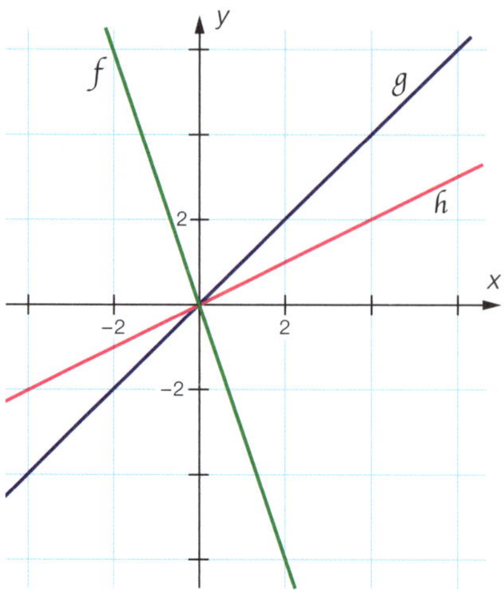

$f: x \longmapsto -3x$

$g: x \longmapsto x$

$h: x \longmapsto 0{,}5x$

linéaire
linea (latin) : la ligne

Cas particulier
La fonction $x \longmapsto x$ est appelée « fonction identité ».

Fonction (p. 38), Proportionnalité (p. 41), Pente d'une droite (p. 43), Fonction affine (p. 45)

FA

Propriétés d'une fonction linéaire

Dans ce tableau, tous les nombres de la première ligne ont été multipliés par 3 pour obtenir leurs images, qui constituent la seconde ligne du tableau :

Eléments de l'ensemble de départ	3	4	7	8	11,1	32	50,5	...	n
Images dans l'ensemble d'arrivée	9	12	21	24	33,3	96	151,5	...	$3n$

+ (3 + 4 = 7 ; 9 + 12 = 21) : propriété de la somme

· 4 (8 · 4 = 32 ; 24 · 4 = 96) : propriété du produit

· 3 : facteur de linéarité

Attention !
Seules les fonctions linéaires jouissent de ces propriétés.

Selon la propriété de la somme, l'image d'une somme de nombres est égale à la somme de leurs images.

Selon la propriété du produit, l'image du double (du triple, …) d'un nombre est égale au double (au triple, …) de son image.

Proportionnalité (p. 41)

Proportionnalité

Lorsque l'on multiplie chacun des nombres d'une suite par un même facteur non nul, on obtient une suite proportionnelle à la première.

Exemple

Suite A	−4	0	1	1,2	3	8	…	x
Suite B	−10	0	2,5	3	7,5	20	…	$2{,}5x$

$\cdot 2{,}5$

$$\frac{-10}{-4} = \frac{3}{1{,}2} = \frac{7{,}5}{3} = \frac{2{,}5}{1} = \ldots = 2{,}5$$

Le nombre 2,5 est le facteur de proportionnalité.

L'expression fonctionnelle décrivant la situation ci-dessus est $x \longmapsto 2{,}5x$

Il s'agit d'une fonction linéaire dont la représentation graphique est une droite passant par l'origine.

Si la seconde suite est proportionnelle à la première, la première suite est aussi proportionnelle à la seconde. C'est pourquoi l'on dit souvent que les deux suites sont proportionnelles.

Autre dénomination
Le facteur de proportionnalité est aussi appelé coefficient de proportionnalité ou facteur de linéarité.

Exemples

Le périmètre d'un carré est proportionnel à la mesure de son côté.
Le prix à payer est proportionnel à la quantité d'essence achetée.
La masse d'un objet en fer est proportionnelle au volume de cet objet.

En revanche,
le poids d'une personne n'est pas proportionnel à sa taille;
l'aire d'un disque n'est pas proportionnelle à la mesure de son rayon.

En effet, on ne peut, pour ces situations, définir un facteur de proportionnalité.

→ Fonction linéaire (p. 40)

Pourcentage

Un pourcentage est une fraction dont le dénominateur est 100.

Par exemple: $20\,\% = \frac{20}{100} = \frac{1}{5} = 0{,}2$

20 % se lit « vingt pour cent »

Symbole ‰
30 ‰ se lit « trente pour mille »
$30\,‰ = \frac{30}{1000} = \frac{3}{100} = 0{,}03$

Exemples

Si un vendeur accorde un rabais de 20 % sur le prix de chaque marchandise, on peut calculer les rabais en multipliant chaque prix par $\frac{20}{100}$:

Prix initial (en francs)	100	25	200	225	12	…
Rabais (en francs)	20	5	40	45	2,4	…

$\cdot 0{,}2$ $\cdot \frac{20}{100}$

Le rabais est proportionnel au prix initial.

Si, dans un village de 600 habitants, 210 sont de langue maternelle française, alors 35 % des villageois sont francophones. En effet: $\frac{210}{600} = \frac{35}{100} = 35\,\%$

→ Nombre rationnel (p. 20), Fonction linéaire (p. 40), Proportionnalité (p. 41)

Echelle

L'échelle *e* d'un plan est le quotient de la distance mesurée sur ce plan par la mesure réelle qui lui correspond.

$$e = \frac{\text{distance sur le plan}}{\text{distance réelle}}$$

Cette carte, ce plan et ce dessin sont des représentations à l'échelle d'une réalité physique. Cela signifie que, dans chacun de ces cas, les dimensions de la représentation et les dimensions réelles sont proportionnelles.

échelle
scala (latin) : l'échelle, l'escalier

Attention !
L'échelle est une grandeur sans unité.
Pour écrire une échelle sous forme de quotient, les deux distances doivent être exprimées avec la même unité.

La carte topographique et le plan de la façade sont des réductions de la réalité : leurs échelles sont inférieures à 1.

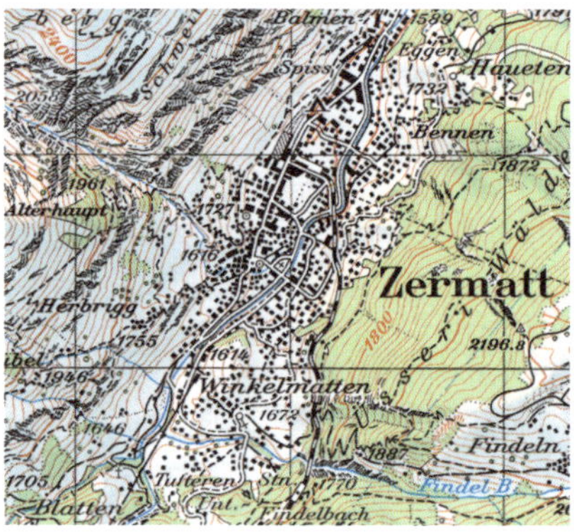

1 : 50 000
Chaque dimension réelle a été divisée par 50 000

1 : 200
Chaque dimension réelle a été divisée par 200

Le dessin du coléoptère est un agrandissement de la réalité : son échelle est supérieure à 1.

10 : 1
Chaque dimension réelle a été multipliée par 10

Exemple

En multipliant n'importe quelle distance de la carte topographique par 50 000, on obtient la distance réelle correspondante dans la même unité de longueur :

Distance sur la carte (en cm)	1	2,5	4	6,5	…
Distance réelle (en cm)	50 000	125 000	200 000	325 000	…

· 50 000

Une échelle peut être exprimée de plusieurs manières :

Par un quotient

1 : 50 000

ou 1/50 000

Par un dessin

Par une indication du type

« 2 cm pour 1 km »

⇢ Fonction linéaire (p. 40), Proportionnalité (p. 41), Homothétie (p. 109), Figures semblables (p. 113)

Pente d'un terrain

La pente p d'un terrain, d'une route, etc., est le quotient de la dénivellation par la distance horizontale (les unités de longueur doivent être les mêmes).

$$\text{pente} = \frac{\text{dénivellation}}{\text{distance horizontale}}$$

Une pente n'a pas d'unité. Elle s'exprime généralement en %.

Exemple

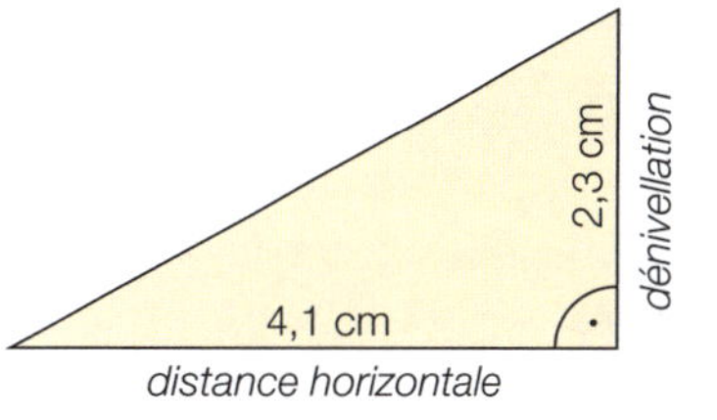

$$p = \frac{2{,}3}{4{,}1} = \frac{23}{41} \cong 0{,}56 = 56\ \%$$

Pourcentage (p. 41)

Pente d'une droite

La représentation graphique d'une fonction de la forme $x \longmapsto ax + b$ est une droite.
Le nombre a correspond à la pente de la droite.

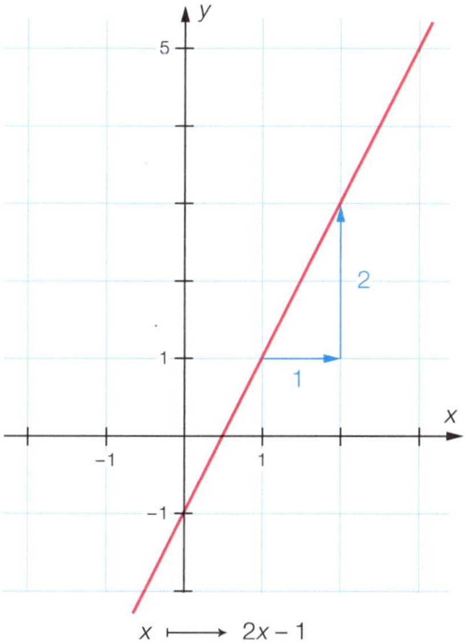

$x \longmapsto 2x - 1$
La pente de la droite est 2

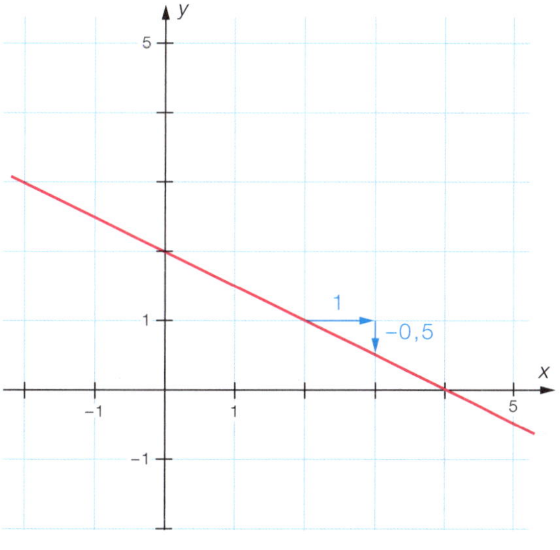

$x \longmapsto -0{,}5x + 2$
La pente de la droite est −0,5

Fonction linéaire (p. 40), Fonction affine (p. 45)

Vitesse

La vitesse moyenne *(v)* d'un corps est le quotient de la distance parcourue *(d)* par le temps de parcours *(t)* du trajet.

$$v = \frac{d}{t}$$

Exemple

Si un avion de ligne vole à la vitesse moyenne de 900 km/h, on peut trouver la distance parcourue (en km) en multipliant la durée du trajet (en h) par 900 :

Durée du trajet (en h)	1	1,5	2	3	6	...
Distance parcourue (en km)	900	1350	1800	2700	5400	...

$\cdot 900$

A une vitesse moyenne donnée, la distance parcourue est proportionnelle à la durée du trajet.

Fonction linéaire (p. 40), Proportionnalité (p. 41)

Attention !
Si, par exemple, la distance est exprimée en mètres et la durée en secondes, alors la vitesse s'exprime en mètres par seconde (m/s).

Quelques vitesses

$v_{\text{son dans l'air}}$ = 343 m/s
$v_{\text{lumière}}$ = 300 000 km/s
$v_{\text{libération}}$ = 11 km/s (vitesse nécessaire pour échapper à l'attraction terrestre)
$v_{\text{limite de chute}}$ = 250 km/h (cas d'un parachutiste, avec le parachute fermé !)

Le nœud (1 mille marin par heure) est une unité de vitesse utilisée en navigation maritime ou aérienne.
1 nœud (nd) = 1,852 km/h

Masse volumique

La masse volumique *(ρ)* d'un corps est égale au quotient de sa masse *(m)* par son volume *(V)*.

$$\rho = \frac{m}{V}$$

Exemple

Si la masse volumique d'un corps est 2,5 kg/dm³, on peut trouver sa masse (en kg) en multipliant son volume (en dm³) par 2,5 :

Volume (en dm^3)	1	2	3	5	...
Masse (en kg)	2,5	5	7,5	12,5	...

$\cdot 2{,}5$

La masse d'un corps homogène et son volume sont proportionnels.

Fonction linéaire (p. 40), Proportionnalité (p. 41), Alphabet grec (p. 149)

Attention !
Si, par exemple, la masse est exprimée en grammes (g) et le volume en centimètres cubes (cm^3), alors la masse volumique s'exprime en grammes par centimètre cube (g/cm^3).

Quelques masses volumiques

ρ_{eau} = 1000 kg/m^3 = 1 g/cm^3
ρ_{air} = 1,29 kg/m^3
ρ_{fer} = 7860 kg/m^3 = 7,86 g/cm^3
ρ_{sapin} = 500 kg/m^3 = 0,5 g/cm^3

Fonction affine

Une fonction affine est une fonction de la forme $x \longmapsto ax + b$

La représentation graphique d'une fonction affine est une droite.

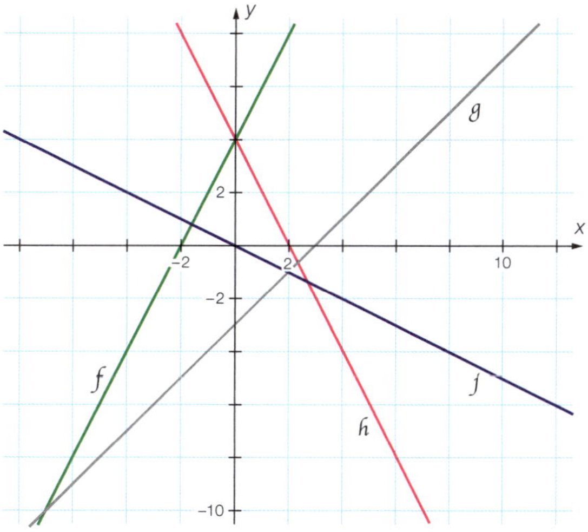

$f: x \longmapsto 2x + 4$
$g: x \longmapsto x - 3$
$h: x \longmapsto -2x + 4$
$j: x \longmapsto -0{,}5x$

Cas particuliers
Une fonction linéaire est une fonction affine pour laquelle $b = 0$.

Une fonction constante est une fonction affine pour laquelle $a = 0$.

FA

Le nombre a correspond à la pente de la droite. Le nombre b est l'ordonnée à l'origine.
Il correspond à la deuxième coordonnée du point d'intersection de la droite avec l'axe vertical.

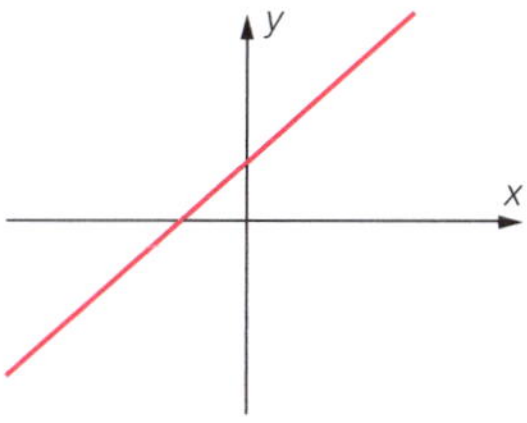

$a > 0$ et $b > 0$

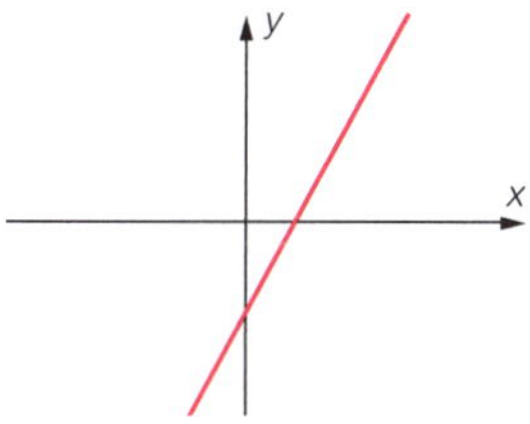

$a > 0$ et $b < 0$

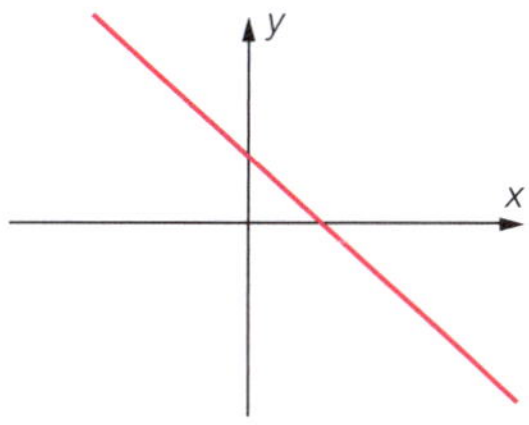

$a < 0$ et $b > 0$

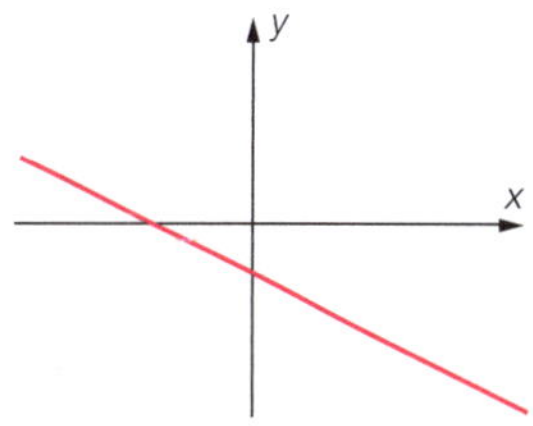

$a < 0$ et $b < 0$

Fonction (p. 38), Fonction linéaire (p. 40), Pente d'une droite (p. 43)

Fonction quadratique

Une fonction quadratique est une fonction de la forme
$x \longmapsto ax^2 + bx + c \qquad (a \neq 0)$

La représentation graphique d'une fonction quadratique est une parabole.

quadratique
quadratus (latin) : le carré

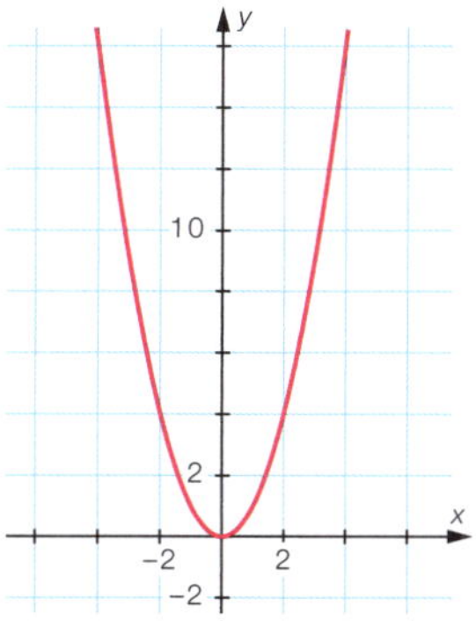

$x \longmapsto x^2$
($a = 1$; $b = 0$; $c = 0$)

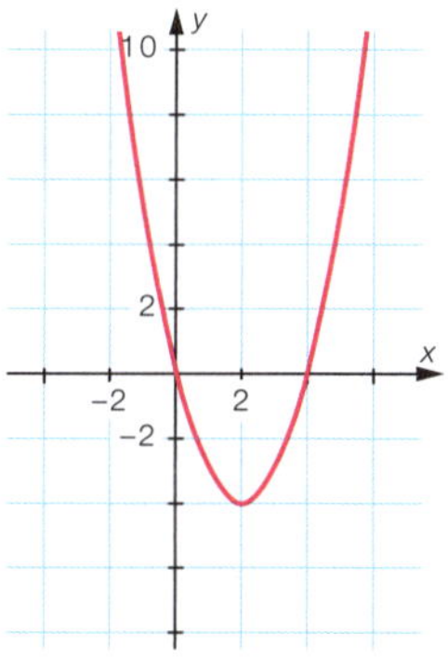

$x \longmapsto x^2 - 4x$
($a = 1$; $b = -4$; $c = 0$)

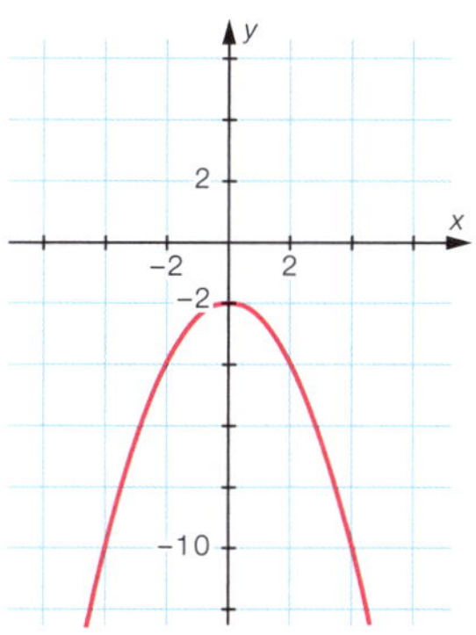

$x \longmapsto -0{,}5x^2 - 2$
($a = -0{,}5$; $b = 0$; $c = -2$)

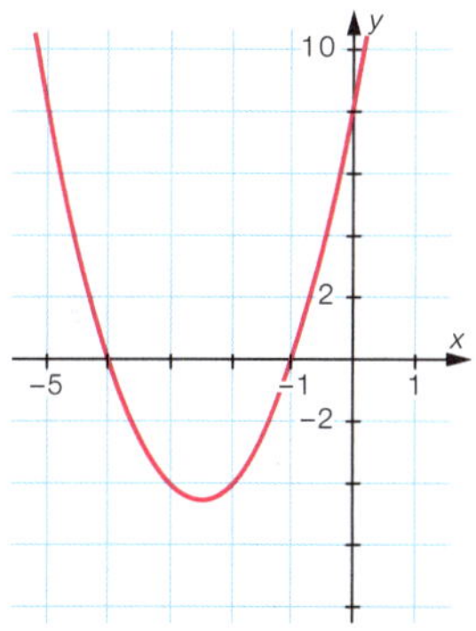

$x \longmapsto 2x^2 + 10x + 8$
($a = 2$; $b = 10$; $c = 8$)

→

Le sommet de la parabole est un minimum de la fonction si $a > 0$ et un maximum de la fonction si $a < 0$.

Attention!
Il y a d'autres cas de figures.

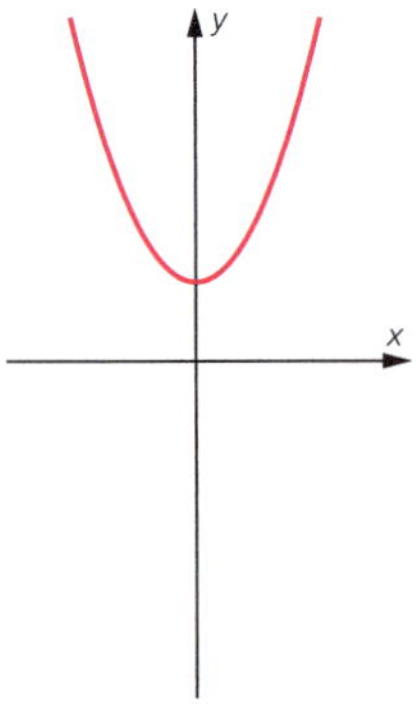

$a > 0$
$b = 0$
$c > 0$

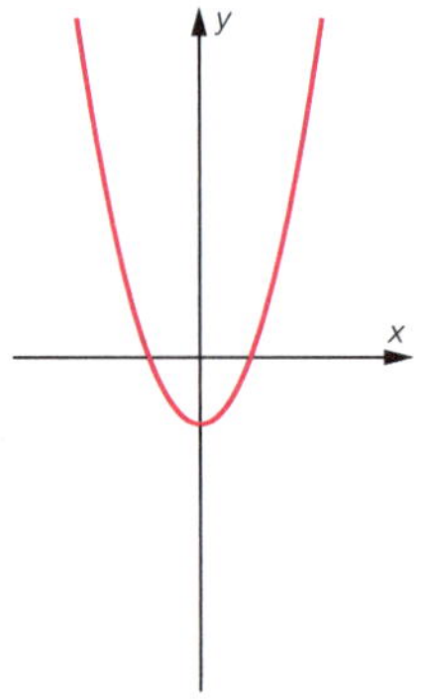

$a > 0$
$b = 0$
$c < 0$

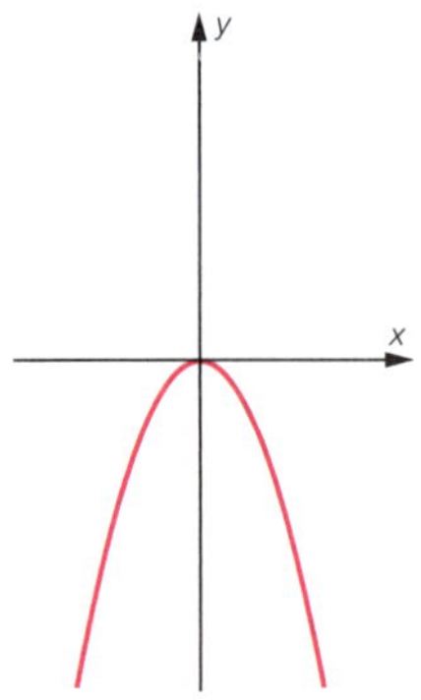

$a < 0$
$b = 0$
$c = 0$

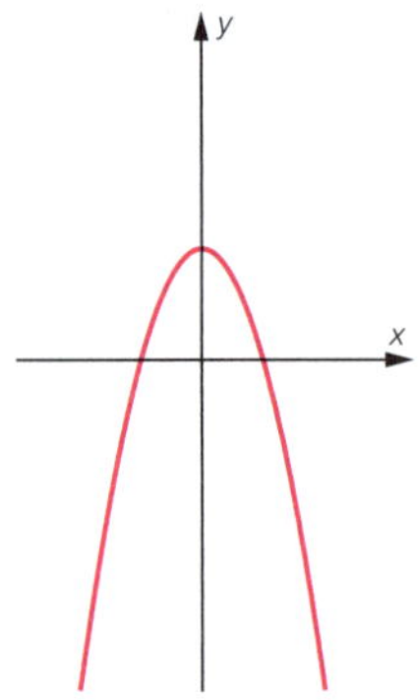

$a < 0$
$b = 0$
$c > 0$

FA

Fonction (p. 38)

Fonction puissance *n*-ième

Une fonction puissance n-ième est une fonction de la forme
$x \longmapsto x^n$ (n est un nombre naturel différent de zéro)

Cas particuliers
La fonction $x \longmapsto x$ est une fonction linéaire.

La fonction $x \longmapsto x^2$ est une fonction quadratique.

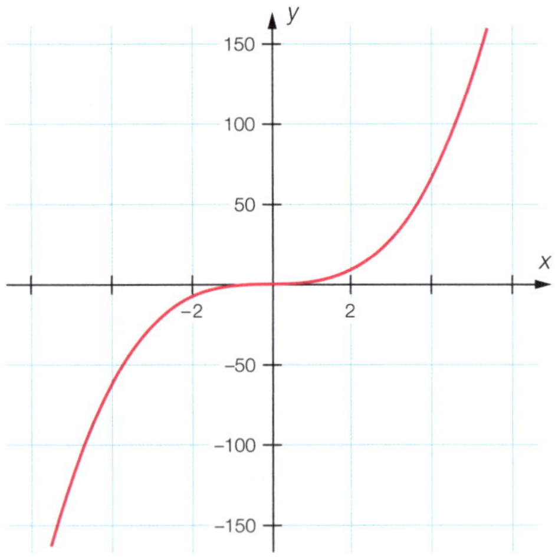

$x \longmapsto x^3$

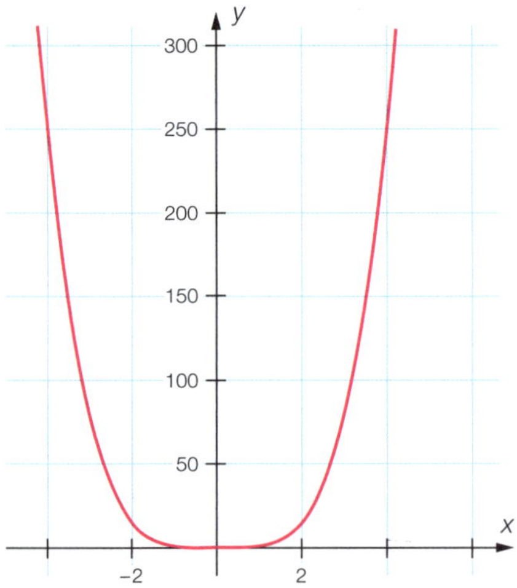

$x \longmapsto x^4$

Puissance (p. 28), Fonction (p. 38)

Fonction racine n-ième

Une fonction racine n-ième est une fonction de la forme
$x \longmapsto \sqrt[n]{x}$ (n est un nombre naturel différent de zéro)

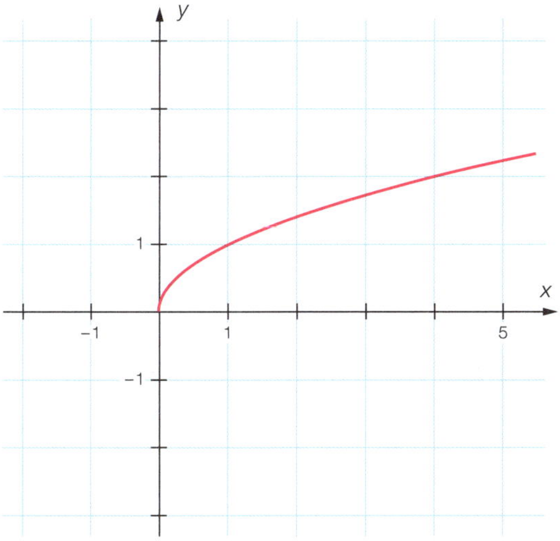

$x \longmapsto \sqrt{x}$ $(x \geqslant 0)$

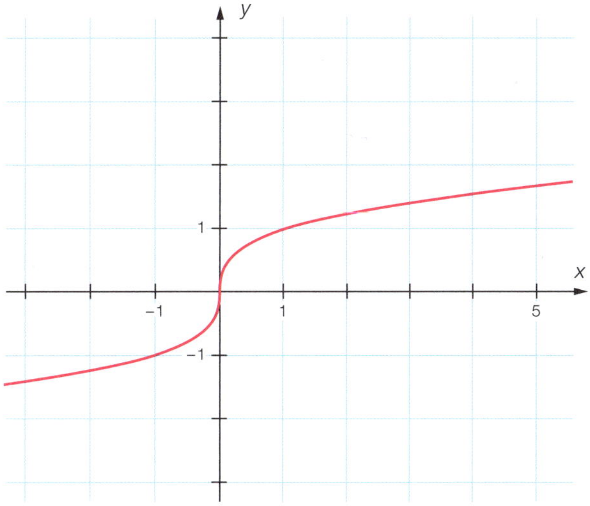

$x \longmapsto \sqrt[3]{x}$

Racine (p. 29), Fonction (p. 38), Fonction puissance n-ième (p. 46)

Fonction homographique

Une fonction homographique est, par exemple, une fonction de la forme

$x \longmapsto \frac{a}{x}$ $(a \neq 0 ; x \neq 0)$

La représentation graphique d'une fonction homographique est une hyperbole.

Une hyperbole comporte deux branches.

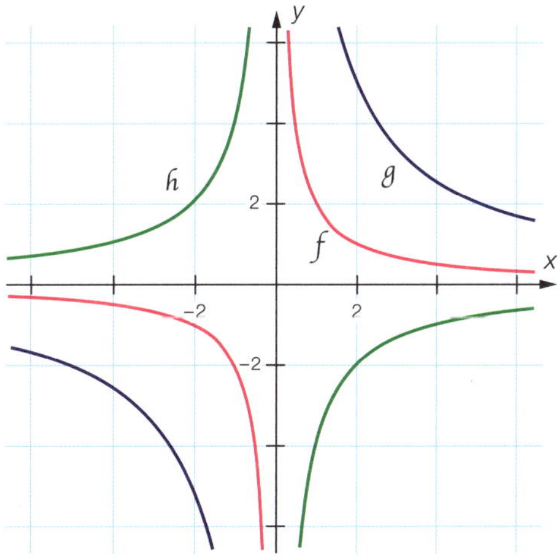

$f : x \longmapsto \frac{2}{x}$ $(x \neq 0)$ $g : x \longmapsto \frac{10}{x}$ $(x \neq 0)$ $h : x \longmapsto \frac{-4}{x}$ $(x \neq 0)$

Fonction (p. 38), Proportionnalité inverse (p. 48)

FA

Proportionnalité inverse

Deux suites de nombres sont inversement proportionnelles lorsque les nombres d'une suite sont proportionnels aux inverses des nombres correspondants de l'autre suite.

Exemple

Suite A	0,5	1	1,6	2	10	…	x
Suite B	16	8	5	4	0,8	…	$\frac{8}{x}$
Suite C	$\frac{1}{16} = 0{,}0625$	$\frac{1}{8} = 0{,}125$	$\frac{1}{5} = 0{,}2$	$\frac{1}{4} = 0{,}25$	$\frac{1}{0{,}8} = 1{,}25$	…	$\frac{x}{8}$

Les suites A et B sont inversement proportionnelles. Les suites A et C sont proportionnelles.

Si deux suites sont inversement proportionnelles, le produit des nombres de la première suite par les nombres correspondants de la seconde suite est constant.

$2 \cdot 4 = 1{,}6 \cdot 5 = 1 \cdot 8 = 0{,}5 \cdot 16 = \ldots = 8$

Exemples de grandeurs inversement proportionnelles

La longueur et la largeur d'un rectangle d'aire donnée

Le temps et la vitesse (supposée constante) d'un véhicule parcourant une distance donnée

⇢ Proportionnalité (p. 41), Fonction homographique (p. 47)

Fonction exponentielle de base *a*

Une fonction exponentielle de base a est une fonction de la forme
$x \longmapsto a^x \quad (a > 0 \text{ et } a \neq 1)$

exponentiel
exponere (latin) : exposer

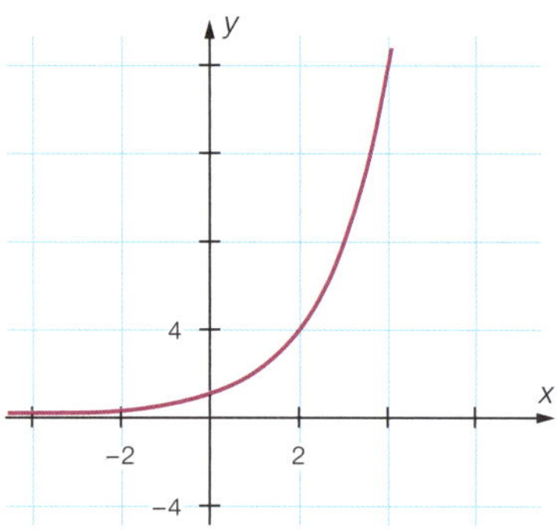

$x \longmapsto 2^x$

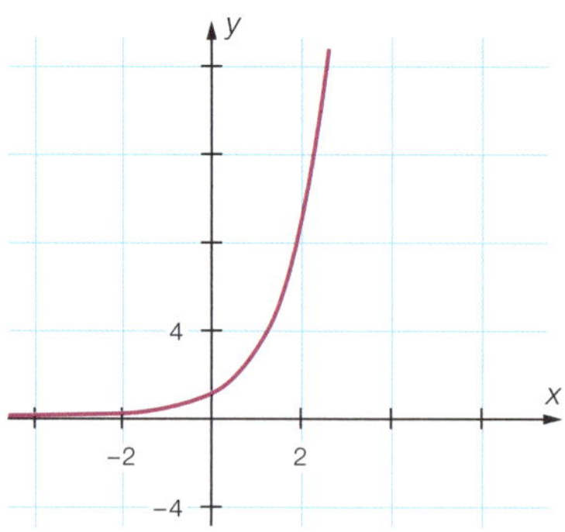

$x \longmapsto 3^x$

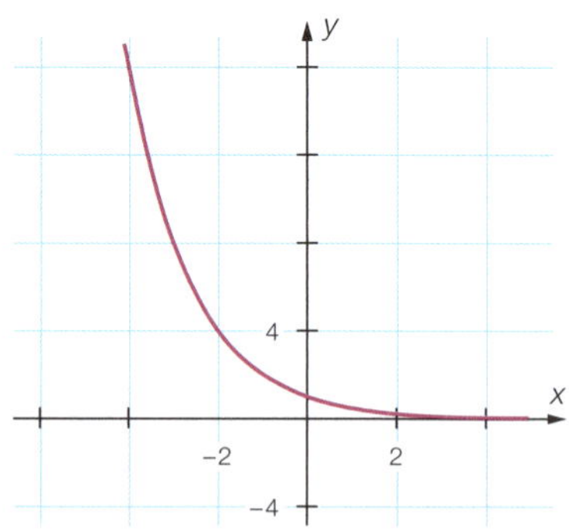

$x \longmapsto 0{,}5^x$

⇢ Puissance (p. 28), Fonction (p. 38)

Diagrammes

Diagramme

Un diagramme est un graphique représentant une ou plusieurs séries de données.

diagramme
diagramma (grec) :
la figure dessinée, le dessin

Diagramme cartésien

Le diagramme cartésien est essentiellement utilisé pour présenter une relation entre des données.

Exemple : Moyenne des températures mensuelles à Montréal

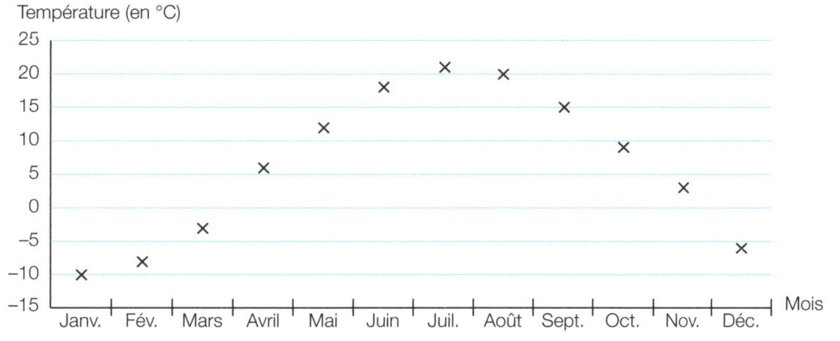

Lorsque l'on veut représenter une évolution, il est courant de relier entre eux les points successifs.

Diagramme en colonnes, diagramme en bâtons

Dans un diagramme en colonnes :

- toutes les colonnes ont la même largeur ;
- les hauteurs des colonnes sont proportionnelles aux mesures des grandeurs représentées.

Dans un diagramme en bâtons, les hauteurs des bâtons sont proportionnelles aux mesures des grandeurs représentées.

Exemple : Longueur des fleuves

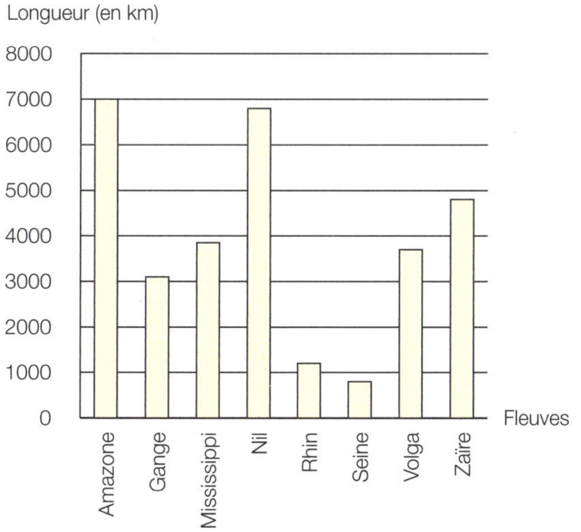

Diagramme en colonnes

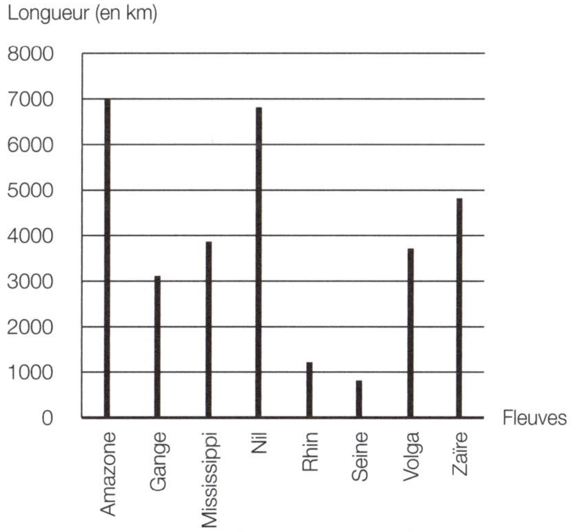

Diagramme en bâtons

Proportionnalité (p. 41)

Diagramme en barre, diagramme circulaire

Dans un diagramme en barre :

- les dimensions de la barre peuvent être choisies arbitrairement ;
- les longueurs des parties sont proportionnelles aux mesures des grandeurs représentées.

Exemple

Répartition des activités d'un élève durant 24 h

FA

Dans un diagramme circulaire :

- le rayon du cercle peut être choisi arbitrairement ;
- les mesures des angles des parties sont proportionnelles aux mesures des grandeurs représentées.

Exemple

Répartition des activités d'un élève durant 24 h

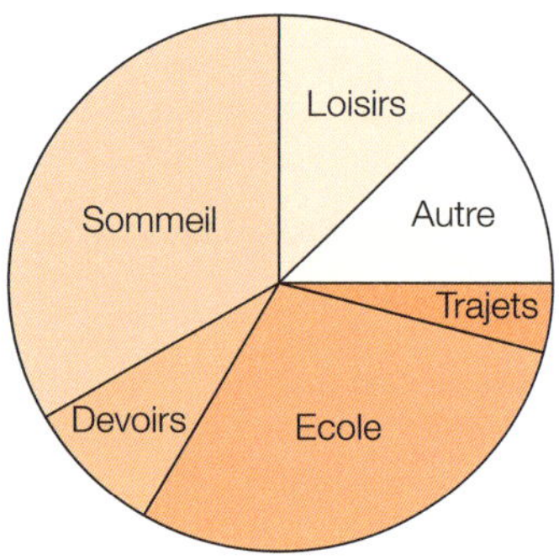

Le diagramme en barre et le diagramme circulaire sont utilisés pour présenter la part de chaque quantité par rapport à l'ensemble de toutes les quantités.

→ Proportionnalité (p. 41)

Diagramme figuratif

Dans un diagramme figuratif, la longueur des figures est proportionnelle aux mesures des grandeurs représentées.

Exemple

Evolution de la population mondiale de 1950 à 2025

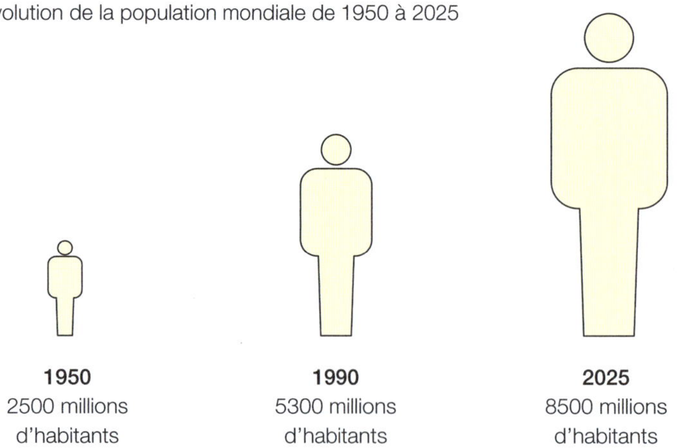

Attention !
Un diagramme figuratif est généralement ambigu, car il incite à comparer les aires des figures, et non leurs longueurs uniquement.

→ Proportionnalité (p. 41)

Calcul littéral

Expression littérale

Une expression littérale est une écriture mathématique qui contient une ou plusieurs lettres appelée(s) également variable(s).

Exemples

x ; $2 \cdot (y+5)$; $4{,}8 - a + b$; $\frac{x^2}{3}$; $\frac{1}{z}$; 2^x ; ... sont des expressions littérales

⇢ Monôme (p. 51), Polynôme (p. 53)

Expression littérale « en fonction de *x* »

Une expression « en fonction de x » est une expression qui contient la lettre x.

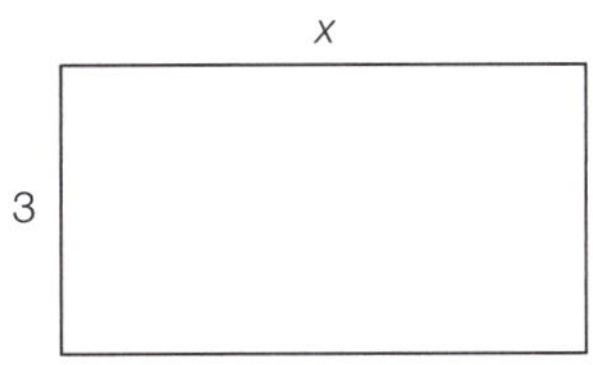

Exemple

$2(3+x)$ et $3+3+x+x$

sont deux expressions du périmètre de ce rectangle « en fonction de x »

Conventions d'écriture d'une expression littérale

Pour alléger les expressions littérales, on peut supprimer le signe de la multiplication entre :

- un nombre et une lettre : $5 \cdot y = 5y$
- un nombre et une parenthèse : $3 \cdot (m+n) = 3(m+n)$
- une lettre et une parenthèse : $a \cdot (b+c) = a(b+c)$
- deux lettres : $x \cdot y = xy$
- deux parenthèses : $(x+y) \cdot (z+t) = (x+y)(z+t)$

Attention !
On évitera d'écrire $a2$ à la place de $a \cdot 2$ (pour éviter la confusion avec a^2), et on notera de préférence $2a$. De même, on n'écrira pas $1a$, mais simplement a.

Monôme

Un monôme est le produit d'un nombre réel par une ou des lettres, appelée(s) variable(s), dont l'exposant ou les exposants sont des entiers naturels.

monôme
monos (grec) : seul
nomos (grec) : portion

Exemples

$3n$; $-2ab$; xy^2 ; $\frac{x^3}{4}$; 5 ; $4{,}3xyz$; ... sont des monômes

$x+1$; $3-m^2$; $2x-y$; $\frac{u}{v}$; ... ne sont pas des monômes

5 est un monôme, car $5 = 5 \cdot x^0$

⇢ Ensembles de nombres (p. 10), Conventions d'écriture d'une expression littérale (p. 51), Polynôme (p. 53)

Coefficient, partie littérale et degré d'un monôme

Définitions

Le coefficient d'un monôme est sa partie numérique.

Exemples

$3x \cdot 4y = 3 \cdot 4 \cdot xy = 12xy$ le coefficient est 12

$-x \cdot 8x \cdot \frac{5y}{4} = -1 \cdot 8 \cdot \frac{5}{4} \cdot x \cdot x \cdot y = -10x^2y$ le coefficient est -10

La partie littérale d'un monôme est le monôme sans son coefficient.

Exemples

La partie littérale de $12xy$ est xy

La partie littérale de $10x^2y$ est x^2y

Le degré d'un monôme est la somme des exposants de sa partie littérale.

Exemples

$12xy = 12x^1y^1$ le degré est $1 + 1 = 2$

$10x^2y = 10x^2y^1$ le degré est $2 + 1 = 3$

Monôme	$8z^2$	$-3,5\,m$	x^3	12	$\frac{a^2b}{4}$
Coefficient	8	$-3,5$	1	12	$\frac{1}{4}$
Partie littérale	z^2	m	x^3	Le monôme 12 n'a pas de partie littérale	a^2b
Degré	2	1	3	0	$2 + 1 = 3$

→ Puissance (p. 28)

Monômes semblables

Des monômes semblables sont des monômes qui ont la même partie littérale.

Exemples

$2x$ et $-0,1x$ sont des monômes semblables ; leur partie littérale est x

$4y^2$ et $4y^3$ ne sont pas des monômes semblables

$4y^2$ et $4y^2z$ ne sont pas des monômes semblables

Addition et soustraction de monômes semblables

Pour additionner (ou soustraire) des monômes semblables :
- on additionne (ou soustrait) leurs coefficients ;
- on conserve la partie littérale.

On utilise la distributivité de la multiplication sur l'addition (la soustraction) pour additionner (soustraire) des monômes semblables.

Exemples

$4x^2 + 7x^2 = (4 + 7)x^2$
$= 11x^2$

$9y - 15y = (9 - 15)y$
$= -6y$

Propriétés de l'addition et de la multiplication dans ℝ (p. 12)

Multiplication de monômes

Pour multiplier des monômes, on multiplie leurs coefficients entre eux et leurs parties littérales entre elles.

On utilise l'associativité et la commutativité de la multiplication pour multiplier des monômes.

Exemples

$3y \cdot 4y^2 = 3 \cdot y \cdot 4 \cdot y^2$
$= 3 \cdot 4 \cdot y \cdot y^2$
$= 12 \cdot y^3$
$= 12y^3$

$-2x^3 \cdot \frac{1}{2}y \cdot 6 = -2 \cdot x^3 \cdot \frac{1}{2} \cdot y \cdot 6$
$= -2 \cdot \frac{1}{2} \cdot 6 \cdot x^3 \cdot y$
$= -6 \cdot x^3 \cdot y$
$= -6x^3y$

Propriétés de l'addition et de la multiplication dans ℝ (p. 12)

Polynôme

Un polynôme est une somme de monômes. Les monômes qui composent le polynôme sont appelés les termes du polynôme.
Un polynôme peut avoir un seul terme (monôme), deux termes (binôme), trois termes (trinôme) ou plus.

polynôme
polus (grec) : plusieurs, nombreux
nomos (grec) : portion

Exemples

$5x^3$; $\frac{y}{2} + 4$; $-x^2 + 1{,}5z$; $4xy^2 - 2x$; … sont des polynômes

a^b ; $\frac{u}{v}$; $\sqrt{y}$; $\frac{3x}{4y}$; … ne sont pas des polynômes

$x - y$ est un binôme
$x^2 + 2x + 1$ est un trinôme
$x^3 - 4x^2 + 2x - 1$ est un polynôme formé de quatre termes

Monôme (p. 51)

Réduire un polynôme

Réduire un polynôme, c'est associer puis additionner (ou soustraire) ses monômes semblables.

Pour réduire un polynôme, on utilise la distributivité de la multiplication sur l'addition.

Exemples

$2x^2 - 4x + 5x^2 + x = 2x^2 + 5x^2 - 4x + x = \underbrace{7x^2 - 3x}_{\text{forme réduite}}$

$w^2 + 3 + 5w - 2w^2 - 8 + w = w^2 - 2w^2 + 5w + w + 3 - 8 = \underbrace{-w^2 + 6w - 5}_{\text{forme réduite}}$

⇢ Monômes semblables (p. 52), Addition et soustraction de monômes semblables (p. 53)

FA

Degré d'un polynôme

Le degré d'un polynôme est le degré de celui de ses termes qui a le plus haut degré.

Exemples

$x + \frac{x^2}{5}$ est un polynôme de degré 2 (le terme de plus haut degré est $\frac{x^2}{5}$)

$-2a^3 + a^3b - 4{,}4$ est un polynôme de degré 4 (le terme de plus haut degré est a^3b)

⇢ Coefficient, partie littérale et degré d'un monôme (p. 52)

Ordonner un polynôme

Ordonner un polynôme, c'est écrire ses termes dans l'ordre croissant ou décroissant des degrés par rapport à l'une des lettres qu'il contient.

Exemples

$5m^2 + 2m - 1$ est un polynôme ordonné

$-2 + a^4 + 2a^3b - ab^3 + b^4$ est un polynôme ordonné par rapport à b

$x^3 + 1 + x^2 + x$ n'est pas un polynôme ordonné

Addition de polynômes

Pour additionner des polynômes, on peut, par exemple, procéder ainsi :

$(5x^2 - x) + (-2x^2 + 10x - 1)$	$= 5x^2 - x + (-2x^2) + 10x + (-1)$	écriture d'une somme de monômes
	$= 5x^2 - x - 2x^2 + 10x - 1$	écriture simplifiée
	$= 3x^2 + 9x - 1$	écriture réduite et ordonnée

⇢ Ecriture simplifiée d'une somme de nombres relatifs (p. 19), Addition et soustraction de monômes semblables (p. 53)

Opposé d'un polynôme

Deux polynômes sont opposés si leur somme est égale à zéro.

En multipliant un polynôme par –1, on obtient son opposé.

Exemples

$6x^2$ et $-6x^2$	sont deux monômes opposés, car	$6x^2 + (-6x^2) = 0$
$y^2 + 5y - 12$ et $-y^2 - 5y + 12$	sont deux polynômes opposés, car	$(y^2 + 5y - 12) + (-y^2 - 5y + 12) = 0$

Opposé d'un nombre (p. 13), Addition de polynômes (p. 54)

Soustraction de polynômes

Pour soustraire un polynôme, on additionne son opposé.

Exemple

$(4y^3 - 2y + 5) - (3y^2 + 7y - 4)$	$= (4y^3 - 2y + 5) + (-3y^2 - 7y + 4)$	addition de l'opposé de $3y^2 + 7y - 4$
	$= 4y^3 - 2y + 5 + (-3y^2) + (-7y) + 4$	écriture d'une somme de monômes
	$= 4y^3 - 2y + 5 - 3y^2 - 7y + 4$	écriture simplifiée
	$= 4y^3 - 3y^2 - 9y + 9$	écriture réduite et ordonnée

Opposé d'un polynôme (p. 55)

FA

Multiplication de polynômes

Pour multiplier un monôme par un polynôme, on distribue le monôme sur chacun des membres du polynôme.

Exemples

$2a(a - x) = 2a^2 - 2ax$

$-2a(ab - xy + z) = -2a^2b + 2axy - 2az$

Pour multiplier deux polynômes, on multiplie chaque terme du premier par chaque terme du second et on réduit la somme obtenue.

Exemple

$$\begin{aligned}(y-2)\cdot(y-5) &= [y+(-2)]\cdot[y+(-5)]\\ &= y\cdot y + y\cdot(-5) + (-2)\cdot y + (-2)\cdot(-5)\\ &= y^2 - 5y - 2y + 10\\ &= y^2 - 7y + 10\end{aligned}$$

ou

$$\begin{aligned}(y-2)\cdot(y-5) &= y\cdot y - y\cdot 5 - 2\cdot y + 2\cdot 5\\ &= y^2 - 5y - 2y + 10\\ &= y^2 - 7y + 10\end{aligned}$$

Quelques identités remarquables

$(a + b)^2 = a^2 + 2ab + b^2$

$(a - b)^2 = a^2 - 2ab + b^2$

$(a + b)(a - b) = a^2 - b^2$

$(a + b)^3 = a^3 + 3a^2b + 3ab^2 + b^3$

$(a - b)^3 = a^3 - 3a^2b + 3ab^2 - b^3$

Exemples

$(x + 4)^2 = x^2 + 8x + 16$

$(2y - 1)^2 = 4y^2 - 4y + 1$

$\left(\frac{x}{3} - 1\right)\left(\frac{x}{3} + 1\right) = \frac{x^2}{9} - 1$

$(x + 2)^3 = x^3 + 6x^2 + 12x + 8$

$(3a - 1)^3 = 27a^3 - 27a^2 + 9a - 1$

Factorisation de polynômes

Factoriser, c'est transformer une somme en un produit.

$4x^2 + 2x$ est une somme.

Cette expression peut, entre autres, s'écrire sous la forme du produit $2x(2x + 1)$.

La mise en évidence, l'utilisation des identités remarquables sont, entre autres, des outils de factorisation.

La factorisation est le processus inverse du développement, qui consiste à transformer un produit en une somme.

Exemples

Factoriser par la mise en évidence

$20m - 5 = 5(4m - 1)$

$9x^3 + 6x^2 + 12x = 3x(3x^2 + 2x + 4)$

$12a^2 - 4a + 20ab = 4a(3a - 1 + 5b)$

$ax + bx + ay + by = x(a + b) + y(a + b) = (a + b)(x + y)$

Factoriser par la décomposition d'un trinôme du deuxième degré

$x^2 + 3x - 10 = (x + 5)(x - 2)$

$y^2 + 11y + 10 = (y+1)(y + 10)$

Factoriser par l'utilisation des identités remarquables

$y^2 - 2y + 1 = (y - 1)^2$

$u^2 - 16 = (u - 4)(u + 4)$

$16x^2 + 8xy + y^2 = (4x + y)^2$

Factoriser par la combinaison de ces différentes méthodes

$4x^3y - 16xy = 4xy(x^2 - 4) = 4xy(x - 2)(x + 2)$

···› Multiplication de polynômes (p. 55)

FA

Equations

Equation

Une équation est une égalité dont l'un ou les deux membres sont des expressions littérales.

équation
aequatio (latin) : l'égalité

Exemples

$\underbrace{x + 3{,}2}_{\text{membre de gauche}} = \underbrace{10}_{\text{membre de droite}}$; $a^2 - 2a - 7 = 2a - 2$; $5x + y = 18 - x$; … sont des équations

···› Expression littérale (p. 51)

Inconnue

Une lettre utilisée dans une équation, et dont on cherche à déterminer la valeur, est appelée inconnue.

Résoudre une équation

Résoudre une équation, c'est trouver la ou les valeurs numériques, si elle(s) existe(nt), qui, mise(s) à la place de l'inconnue (ou des inconnues), vérifie(nt) l'égalité.

···› Résolution d'une équation du premier degré à une inconnue (p. 58), Résolution d'une équation du deuxième degré à une inconnue (p. 59), Résolution d'un système du premier degré de deux équations à deux inconnues (p. 60)

Degré d'une équation d'inconnue *x*

Equations du premier degré

Toute équation du premier degré d'inconnue x peut s'écrire sous la forme

$ax + b = 0 \quad (a \neq 0)$

Exemple

$3x - 2 = 0 \quad (a = 3, b = -2)$

Equations du deuxième degré

Toute équation du deuxième degré d'inconnue x peut s'écrire sous la forme

$ax^2 + bx + c = 0 \quad (a \neq 0)$

Exemple

$-3x^2 + 84 = 0 \quad (a = -3, b = 0, c = 84)$

...

Fonction affine (p. 45), Fonction quadratique (p. 45), Polynôme (p. 53)

Solution(s) d'une équation

Les solutions d'une équation sont les nombres qui, mis à la place de la lettre (ou des lettres), vérifient l'égalité.

S désigne l'ensemble des solutions d'une équation.

Attention !
Une équation peut avoir 0, 1, plusieurs ou une infinité de solutions.

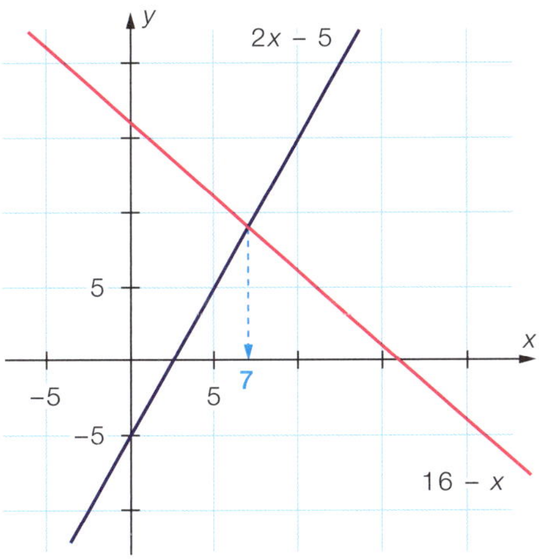

7 est la solution de l'équation

$2x - 5 = 16 - x$

car $2 \cdot 7 - 5 = 16 - 7$

On note : $S = \{7\}$

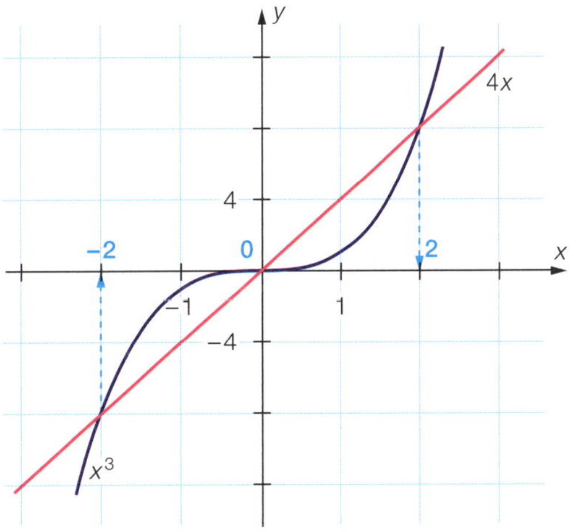

-2 , 0 et 2 sont les solutions de l'équation

$x^3 = 4x$

car $(-2)^3 = 4 \cdot (-2)$; $0^3 = 4 \cdot 0$; $2^3 = 4 \cdot 2$

On note : $S = \{-2 ; 0 ; 2\}$

Equations équivalentes

Deux équations équivalentes sont deux équations qui ont le même ensemble de solutions.

Exemples

Les équations	$x - 5 = 8 - x$ et $5x = 32{,}5$	sont équivalentes : S = {6,5}
Les équations	$10 - 2y = y^2 + y$ et $y^2 + 3y - 10 = 0$	sont équivalentes : S = {–5 ; 2}
Les équations	$5x = 15$ et $5x^2 = 15x$	ne sont pas équivalentes, parce que 0 est une solution de la deuxième équation sans en être une de la première

Equations – règles d'équivalence

Certaines règles permettent de transformer une équation en une équation équivalente :

- effectuer du calcul littéral dans ses membres ;
- additionner (ou soustraire) un même nombre, un même monôme ou un même polynôme aux deux membres de l'équation ;
- multiplier (ou diviser) les deux membres de l'équation par un même nombre non nul.

Attention !
Si on divise ou multiplie par l'inconnue les deux membres d'une équation, on obtient une équation non équivalente à la première.

→ Polynôme (p. 53), Equations équivalentes (p. 58)

Résolution d'une équation du premier degré à une inconnue

Les règles d'équivalence permettent de résoudre toute équation du premier degré à une inconnue.

Par exemple, pour résoudre l'équation $4(x + 1{,}8) = 9x - 12 + x$, on peut procéder comme suit :

$4(x + 1{,}8)$	=	$9x - 12 + x$	calcul littéral	
$4x + 7{,}2$	=	$10x - 12$	+ 12	(ajouter 12 aux deux membres)
$4x + 19{,}2$	=	$10x$	– 4x	(soustraire 4x aux deux membres)
$19{,}2$	=	$6x$	: 6	(diviser les deux membres par 6)
$3{,}2$	=	x		
S	=	{3,2}		

Vérification : $4(3{,}2 + 1{,}8) \overset{?}{=} 9 \cdot 3{,}2 - 12 + 3{,}2$

→ Fonction affine (p. 45), Polynôme (p. 53), Equations – règles d'équivalence (p. 58)

Résolution d'une équation du deuxième degré à une inconnue

Résolution par factorisation

La factorisation permet de résoudre efficacement certaines équations du deuxième degré.

Exemples

$x^2 + 5x = 0$ devient $x(x + 5) = 0$

Comme le produit $x(x + 5)$ doit être nul, il suffit que l'un de ses facteurs soit nul.

D'où $x = 0$ ou $x + 5 = 0$

En conséquence: $S = \{0\,;-5\}$

Vérification: $0^2 + 5 \cdot 0 \overset{?}{=} 0$
$(-5)^2 + 5 \cdot (-5) \overset{?}{=} 0$

$y^2 - 2y - 24 = 0$ devient $(y + 4)(y - 6) = 0$

Comme le produit $(y + 4)(y - 6)$ doit être nul, il suffit que l'un de ses facteurs soit nul.

D'où $y + 4 = 0$ ou $y - 6 = 0$

En conséquence: $S = \{-4\,;6\}$

Vérification: $(-4)^2 - 2 \cdot (-4) - 24 \overset{?}{=} 0$
$6^2 - 2 \cdot 6 - 24 \overset{?}{=} 0$

FA

Quelques identités remarquables (p. 55), Factorisation de polynômes (p. 56)

Résolution à l'aide d'une formule

1. Ecrire tout d'abord l'équation sous la forme $ax^2 + bx + c = 0$ (si a, b et c ne sont pas nuls).
2. Calculer la valeur du discriminant: $\Delta = b^2 - 4ac$.
3. Observer le signe du discriminant (trois cas possibles), puis déterminer l'ensemble des solutions.

Si $\Delta > 0$, alors l'équation a deux solutions: $S = \left\{\dfrac{-b + \sqrt{b^2 - 4ac}}{2a}\,;\,\dfrac{-b - \sqrt{b^2 - 4ac}}{2a}\right\}$

Si $\Delta = 0$, alors l'équation a une seule solution: $S = \left\{\dfrac{-b}{2a}\right\}$

Si $\Delta < 0$, alors l'équation n'a pas de solution: $S = \varnothing$

Exemples

$6x^2 + x - 2 = 0$

$a = 6,\ b = 1,\ c = -2$

$\Delta = b^2 - 4ac$

$= 1^2 - 4 \cdot 6 \cdot (-2) = 49$

$\Delta > 0$, cette équation possède deux solutions.

Comme $\sqrt{49} = 7$, alors

$S = \left\{\dfrac{-1+7}{12}\,;\,\dfrac{-1-7}{12}\right\}$

$S = \left\{\dfrac{1}{2}\,;-\dfrac{2}{3}\right\}$

$\dfrac{x^2}{2} - 4x + 8 = 0$

$a = \dfrac{1}{2},\ b = -4,\ c = 8$

$\Delta = b^2 - 4ac$

$= (-4)^2 - 4 \cdot \dfrac{1}{2} \cdot 8 = 16 - 16 = 0$

$\Delta = 0$, cette équation possède une seule solution.

$x = \dfrac{-(-4)}{2 \cdot \dfrac{1}{2}} = \dfrac{4}{1} = 4$

$S = \{4\}$

$x^2 + 2x + 2 = 0$

$a = 1,\ b = 2,\ c = 2$

$\Delta = b^2 - 4ac$

$= 2^2 - 4 \cdot 1 \cdot 2 = 4 - 8 = -4$

$\Delta < 0$, cette équation n'a pas de solution.

$S = \varnothing$

Fonction quadratique (p. 45)

Système d'équations

Plusieurs équations considérées simultanément forment un système d'équations. Chaque équation exprime une condition. Le système impose simultanément toutes les conditions.

système
sustema (grec) : l'ensemble, l'assemblage

$$\begin{cases} 3x - y = -10{,}5 \\ x + 4y = 16 \end{cases}$$

est un système du premier degré de deux équations à deux inconnues dont l'ensemble des solutions est S = {(–2 ; 4,5)}

$$\begin{cases} 4x + 7y = 24 \\ 4x + y^2 = 12 \end{cases}$$

est un système du deuxième degré de deux équations à deux inconnues dont l'ensemble des solutions est S = {(–1 ; 4) ; (0,75 ; 3)}

$$\begin{cases} x + y - 2z = -9 \\ 10x - 4y - z = 33 \\ -y + 1{,}2z = 8 \end{cases}$$

est un système du premier degré de trois équations à trois inconnues dont l'ensemble des solutions est S = {(3 ; –2 ; 5)}

FA

Les solutions d'un système de deux équations à deux inconnues, lorsqu'elles existent, sont des couples de nombres.

→ Degré d'une équation d'inconnue *x* (p. 57), Solution(s) d'une équation (p. 57)

Résolution d'un système du premier degré de deux équations à deux inconnues

La résolution d'un système du premier degré de deux équations à deux inconnues consiste à ramener ce système à une seule équation à une inconnue.

Résolution par la méthode de substitution

$$\begin{cases} 4x + y = 5 \\ 3x + 6y = -12 \end{cases}$$

Exprimer une inconnue en fonction de l'autre à partir d'une des équations (ici *y* en fonction de *x* à partir de la première équation).

$$\begin{cases} y = 5 - 4x \\ 3x + 6y = -12 \end{cases}$$

Remplacer, dans l'autre équation, l'inconnue choisie par l'expression obtenue.

$$\begin{cases} y = 5 - 4x \\ 3x + 6(5 - 4x) = -12 \end{cases}$$

Résoudre l'équation à une inconnue du système obtenu.

$$\begin{cases} y = 5 - 4x \\ x = 2 \end{cases}$$

Chercher la valeur de l'autre inconnue (ici, en remplaçant *x* par 2 dans l'équation $y = 5 - 4x$).

$$\begin{cases} y = -3 \\ x = 2 \end{cases}$$

Vérifier la validité des solutions (ici, en remplaçant *x* par 2 et *y* par –3 dans chaque équation du système à résoudre).

$$\begin{cases} 4 \cdot 2 + (-3) \overset{?}{=} 5 \\ 3 \cdot 2 + 6 \cdot (-3) \overset{?}{=} -12 \end{cases}$$

Ecrire l'ensemble des solutions du système.

$$S = \{(2\,;\,-3)\}$$

→ Polynôme (p. 53), Résolution d'une équation du premier degré à une inconnue (p. 58) →

Résolution par la méthode des combinaisons linéaires

$$\begin{cases} 2x + 3y = 27 & \mid \cdot 5 & \mid \cdot 2 \\ 5x - 2y = 1 & \mid \cdot (-2) & \mid \cdot 3 \end{cases}$$

Recherche de *y*

Multiplication des membres de la première équation par 5 et ceux de la deuxième par (–2)

$$\begin{cases} 10x + 15y = 135 \\ -10x + 4y = -2 \end{cases}$$

Addition membre à membre des deux équations

$$19y = 133$$

$$y = 7$$

Recherche de *x*

Multiplication des membres de la première équation par 2 et ceux de la deuxième par 3

$$\begin{cases} 4x + 6y = 54 \\ 15x - 6y = 3 \end{cases}$$

Addition membre à membre des deux équations

$$19x = 57$$

$$x = 3$$

Vérification : $2 \cdot 3 + 3 \cdot 7 \stackrel{?}{=} 27$

$5 \cdot 3 - 2 \cdot 7 \stackrel{?}{=} 1$

L'ensemble des solutions du système est : $S = \{(3\ ;\ 7)\}$

Polynôme (p. 53), Résolution d'une équation du premier degré à une inconnue (p. 58)

FA

Espace – ES

Généralités

Représentation dans le plan

Un croquis est un dessin fait, généralement, à main levée.

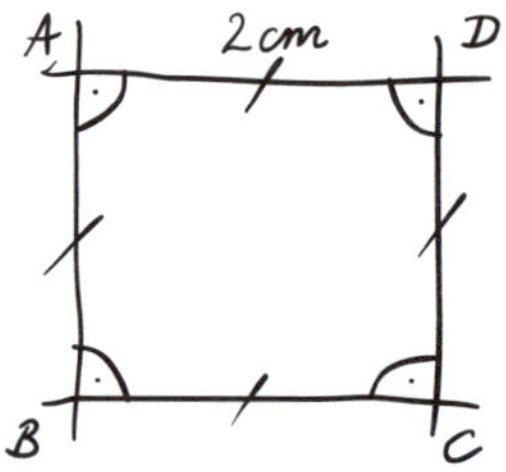

Croquis d'un carré *ABCD*
de 2 cm de côté.

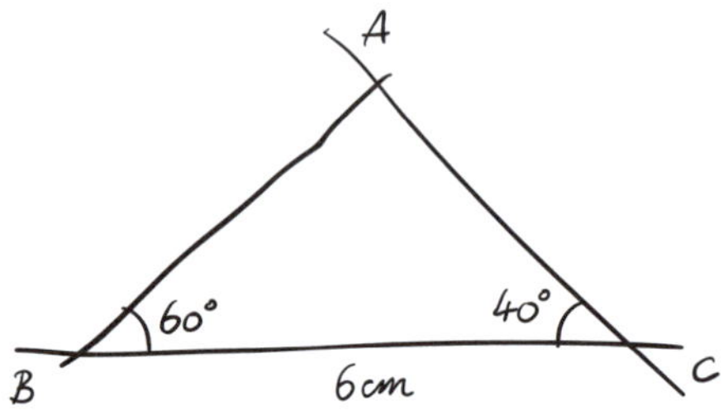

Croquis d'un triangle *ABC*, avec
$BC = 6$ cm, $\widehat{ABC} = 60°$ et $\widehat{BCA} = 40°$

Sur un croquis, les longueurs et les angles n'ont pas nécessairement les bonnes mesures. De ce fait, on les indique sur le croquis.

La réalisation d'un croquis est parfois utile pour résoudre un problème ou pour effectuer une construction.

Une représentation à l'échelle est construite avec des outils (règle, équerre, rapporteur, compas, logiciel, etc.).

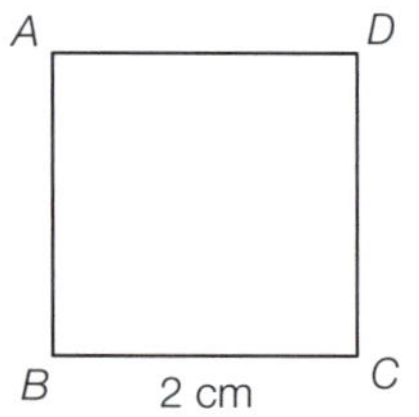

Représentation à l'échelle 1 : 1
(en vraie grandeur) du carré *ABCD*

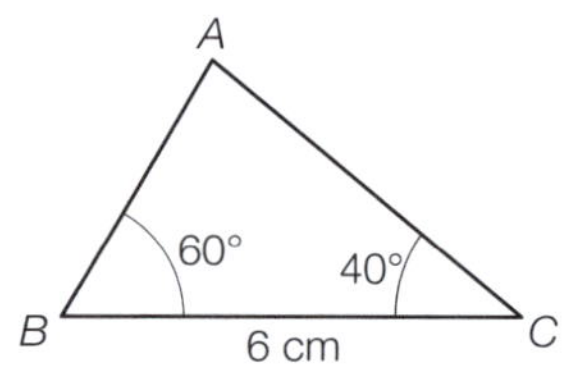

Représentation à l'échelle 1 : 2
du triangle *ABC*

Sur une représentation à l'échelle, les angles ont des mesures exactes et les longueurs sont proportionnelles à celles de l'objet « réel ». De ce fait, on n'indique pas toujours les mesures sur une représentation à l'échelle.

Repérage d'un point dans le plan

Dans un système d'axes :

- les droites graduées sont l'axe *x* (ou axe des abscisses) et l'axe *y* (ou axe des ordonnées) ;
- l'intersection des deux axes est l'origine ;
- la position d'un point est donnée par un couple de nombres : les coordonnées du point. Le premier nombre du couple situe le point selon la direction de l'axe *x* et le second selon la direction de l'axe *y*.

abscisse
abscindere (latin) : couper, arracher
abscissa (latin) : la ligne coupée

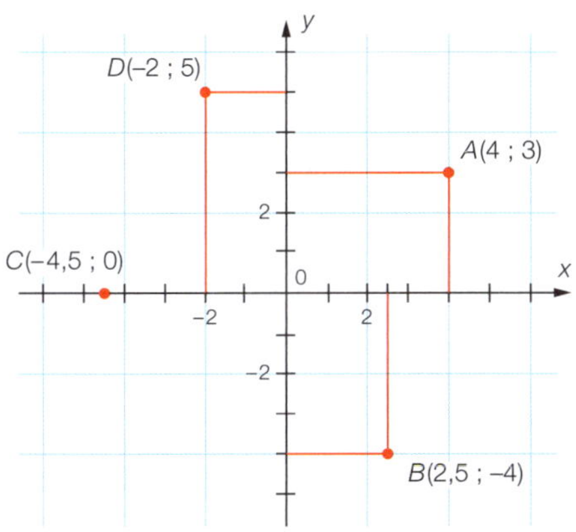

Système orthonormé

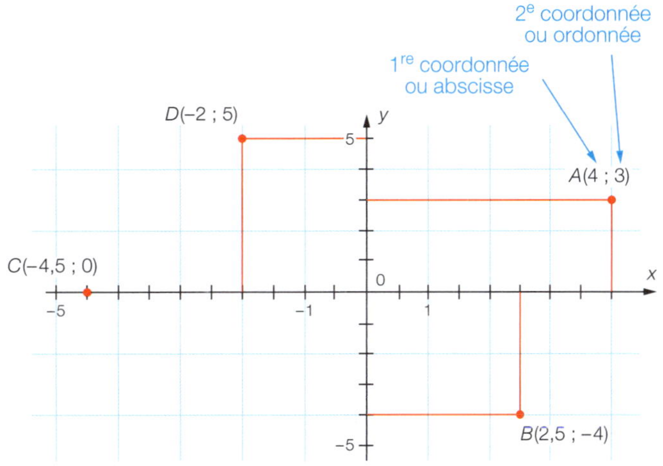

Système orthogonal
Les graduations des axes sont différentes

Repérage d'un point dans l'espace

Trois coordonnées sont nécessaires pour repérer un point dans l'espace.

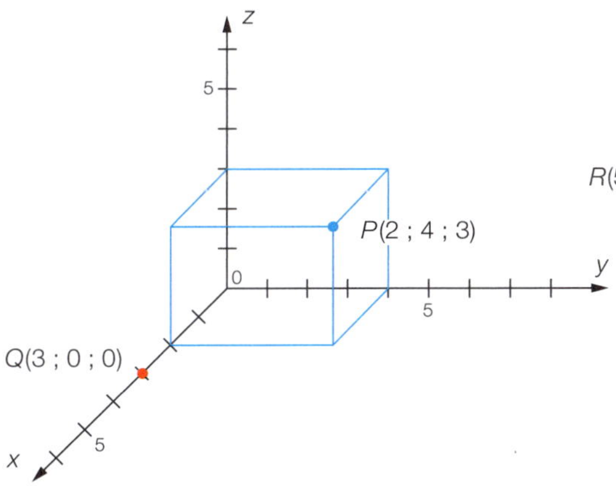

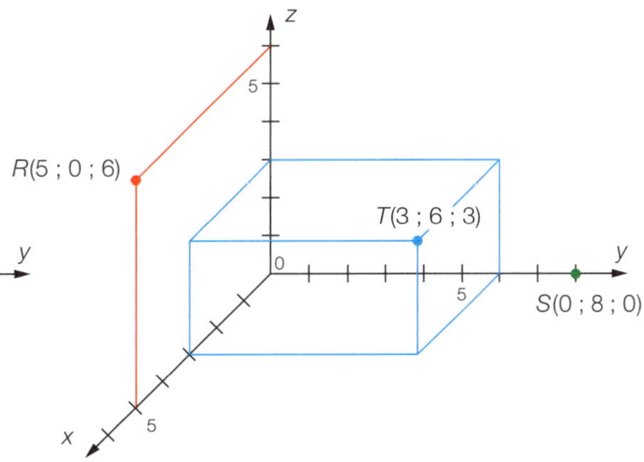

Représentations dans l'espace

Il y a plusieurs manières de représenter un polyèdre sur une feuille de papier. En voici quelques-unes :

La perspective isométrique

Les arêtes verticales de l'objet restent verticales sur le dessin.

Les arêtes horizontales fuient à gauche et à droite avec une inclinaison de 30°.

L'échelle est la même pour les trois dimensions.

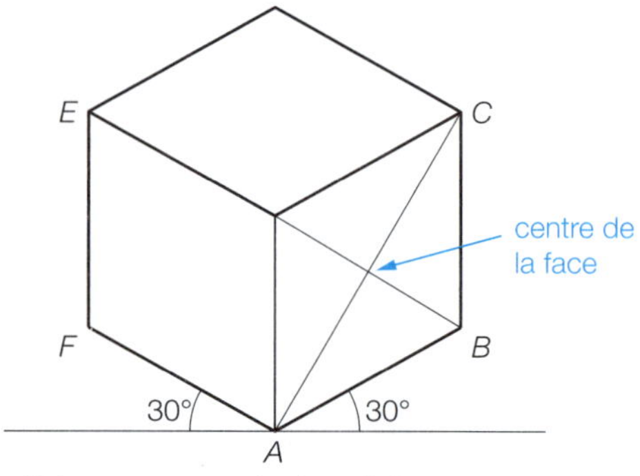

Cube en perspective isométrique

La perspective cavalière

Elle privilégie une face de l'objet, appelée face avant, représentée sans déformation.

Les arêtes perpendiculaires à la face avant fuient vers la droite ou vers la gauche, généralement avec une inclinaison de 30° ou de 45°.

Les longueurs des arêtes fuyantes sont généralement réduites de moitié ou d'un tiers.

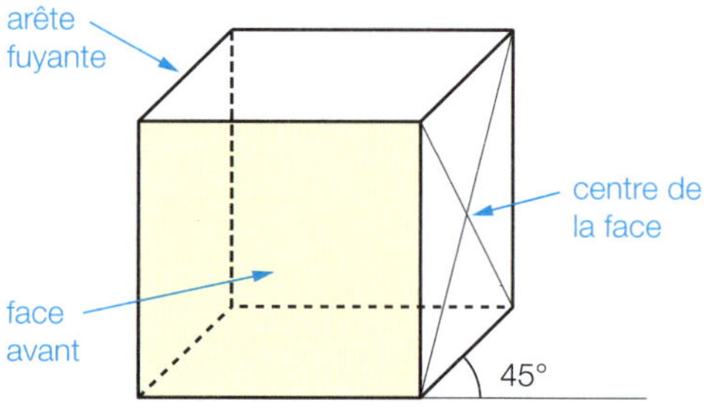

Cube en perspective cavalière

La perspective artistique

Elle est construite à partir de points de fuite situés sur une ligne d'horizon.

L'objet est représenté tel que l'œil le perçoit.

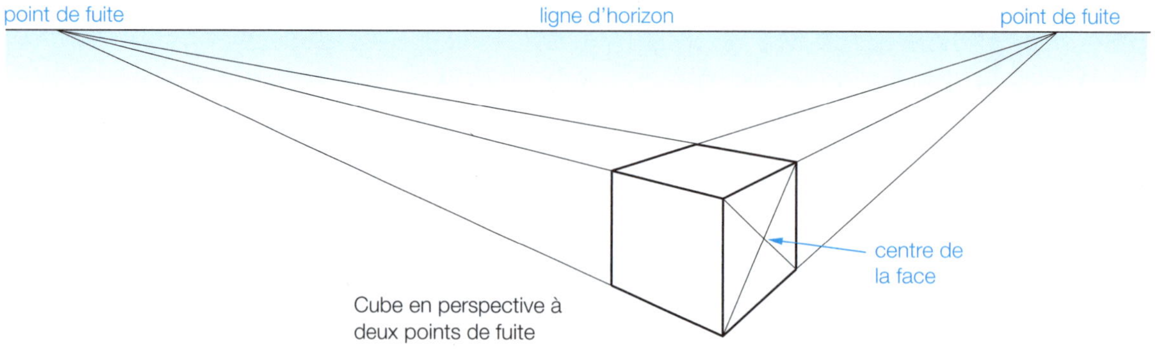

Cube en perspective à deux points de fuite

→

Le développement

Un développement, aussi appelé patron, ne donne pas une véritable vue d'un objet, mais il permet de le construire.

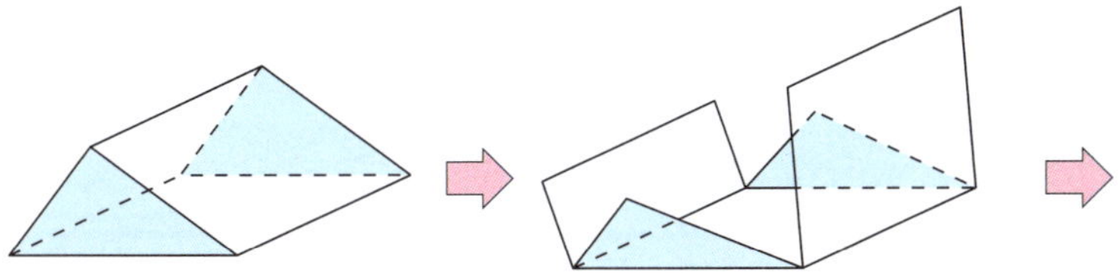

Prisme droit dont la base est un triangle rectangle.

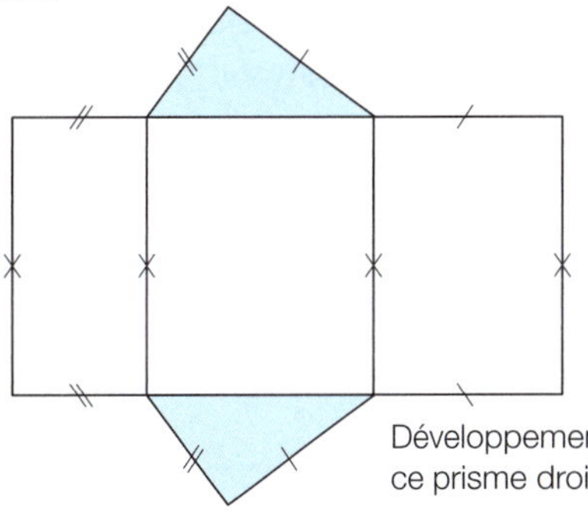

Développement de ce prisme droit

Les projections sur les faces d'un parallélépipède rectangle

projection
projectio (latin) : action de jeter loin de

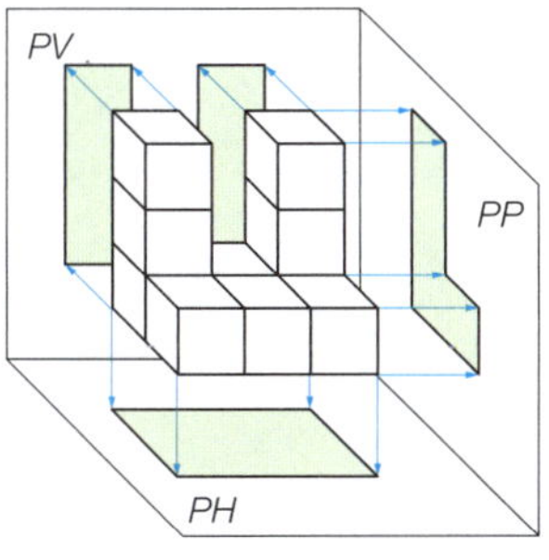

Assemblage de dix cubes avec vues sur le sol (*PH* : plan horizontal), sur le fond (*PV* : plan vertical) et sur la paroi (*PP* : plan de profil).

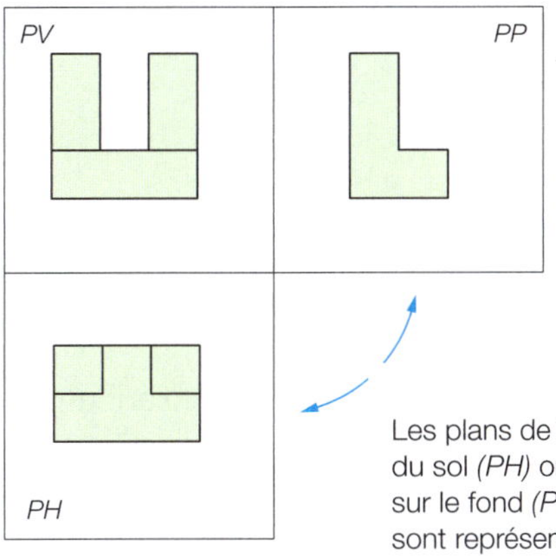

Les plans de la paroi *(PP)* et du sol *(PH)* ont été rabattus sur le fond *(PV)* : les trois vues sont représentées à l'échelle.

Distance entre deux points

La distance entre les points *A* et *B* est la longueur du segment *AB*. C'est le plus court chemin du point *A* au point *B*.

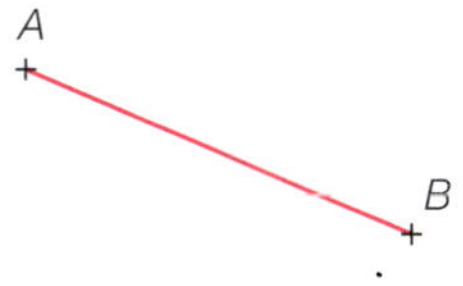

Ici, la distance de *A* à *B* est proche de 2,8 cm

Distance d'un point à une droite

La distance du point *P* à la droite *d* est la longueur du segment *PS* perpendiculaire à la droite *d*. C'est le plus court chemin du point *P* à la droite *d*.

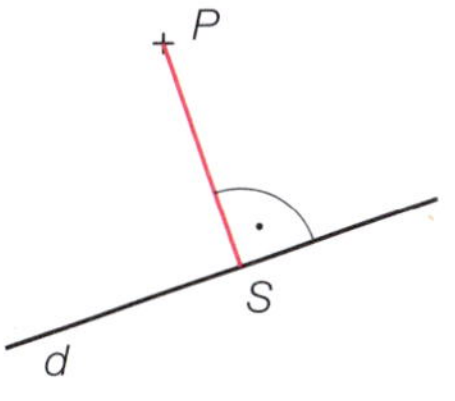

Ici, *PS* vaut environ 1,6 cm

→ Droites perpendiculaires (p. 74)

Distance entre deux droites parallèles

La distance entre les droites parallèles *c* et *d* est la longueur du segment *CD* perpendiculaire aux droites *c* et *d*.

C'est le plus court chemin de la droite *c* à la droite *d*.

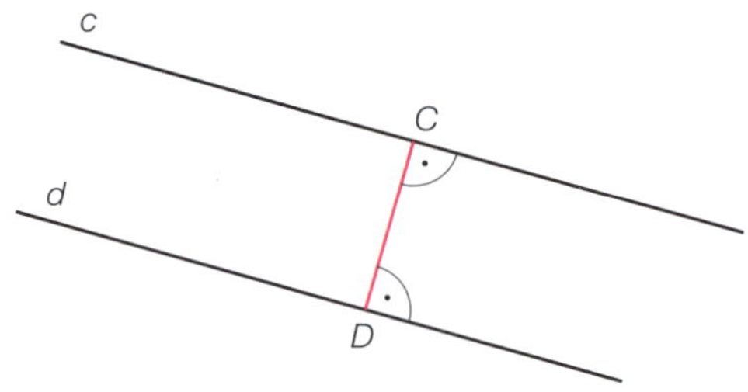

Ici, *CD* vaut environ 1,5 cm

→ Droites parallèles (p. 75)

Distance d'un point à un cercle

La distance du point *A* au cercle *c* de centre *O* est la longueur du segment *AC* situé sur la demi-droite *OA*. C'est le plus court chemin du point *A* au cercle *c*.

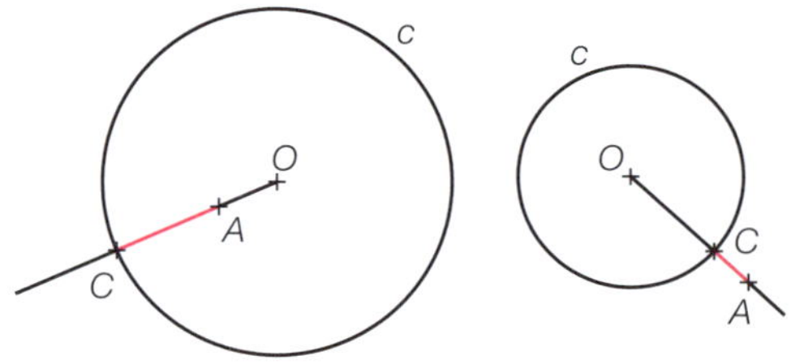

Lieu géométrique

Un lieu géométrique est un ensemble de points vérifiant une même propriété.

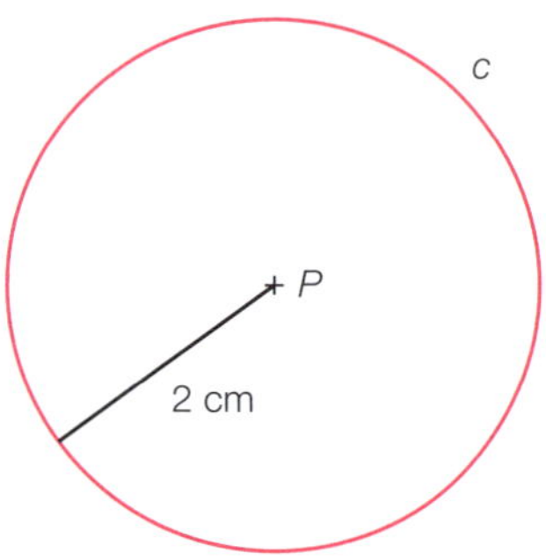

Le lieu géométrique des points du plan dont la distance au point *P* est 2 cm est le cercle *c*.

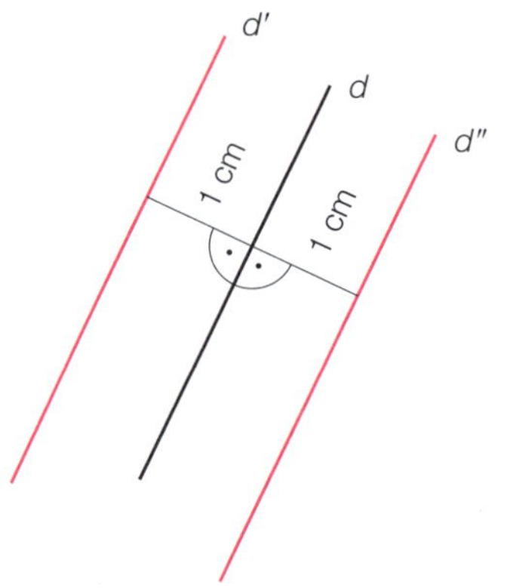

Le lieu géométrique des points du plan situés à 1 cm de la droite *d* est constitué des droites *d'* et *d''*.

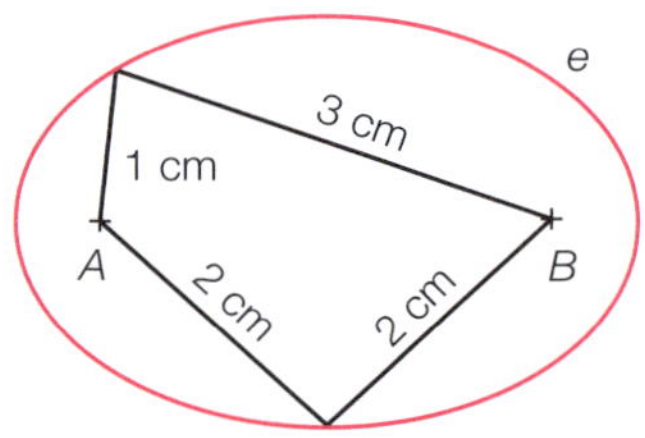

Le lieu géométrique des points du plan dont la somme des distances aux points *A* et *B* est 4 cm est l'ellipse *e*.

→ Cercle de Thalès d'un segment (p. 80), Arc capable (p. 81), Médiatrice d'un segment (p. 95), Bissectrice d'un angle (p. 96)

Droites

Droite

On appelle « droite *AB* » la droite qui passe par les points *A* et *B*.

Elle est constituée d'une infinité de points alignés, dont deux sont mis en évidence (*A* et *B*).

Autre notation
On peut aussi désigner une droite par une lettre minuscule.

Demi-droite

La demi-droite d'origine *A* et passant par le point *B* est appelée la « demi-droite *AB* ».

Autre notation
La demi-droite ci-dessous est appelée la « demi-droite *Od* ».

Segment

Un segment est la partie d'une droite limitée par deux de ses points.

Le segment dont les extrémités sont les points *M* et *N* est appelé le « segment *MN* ».

Des segments isométriques sont des segments de même longueur.

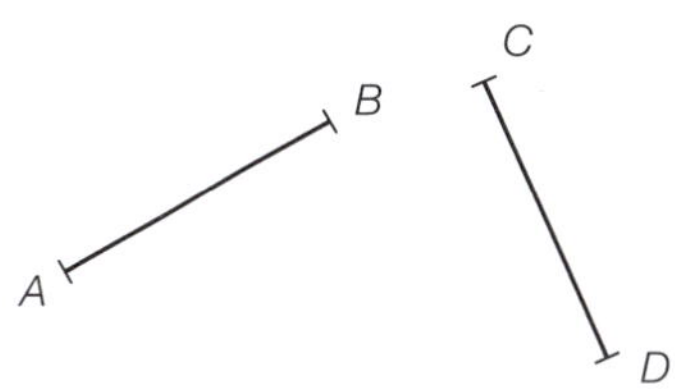

Les segments *AB* et *CD* sont isométriques, car *AB* = *CD* = 2 cm

⇢ Droite (p. 73)

ES

Droites sécantes

Deux droites sécantes sont deux droites qui ont un seul point commun.

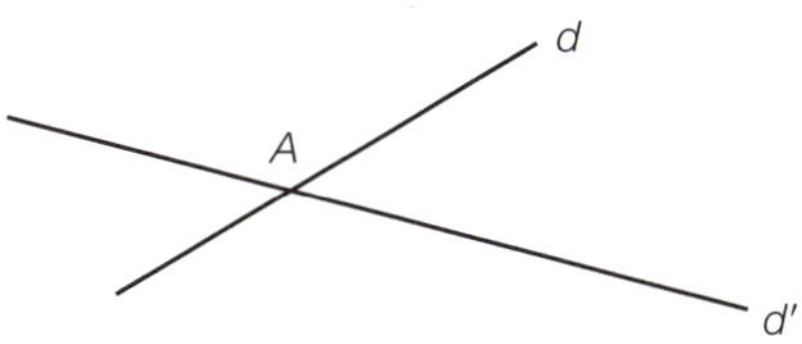

sécante
secare (latin) : couper

Deux droites qui ne sont pas dans un même plan sont deux droites gauches.

Droites concourantes

Des droites concourantes sont des droites qui ont un seul point commun.

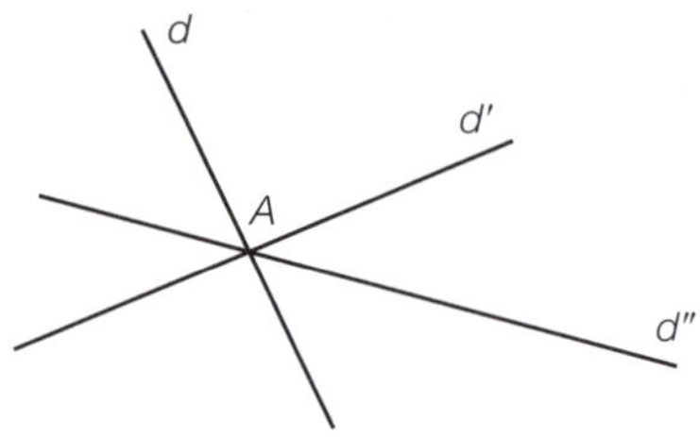

Droites perpendiculaires

Deux droites perpendiculaires sont deux droites qui déterminent quatre angles droits.

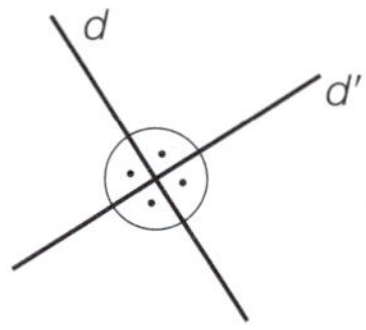

On note : $d \perp d'$

Construction de la perpendiculaire à une droite passant par un point

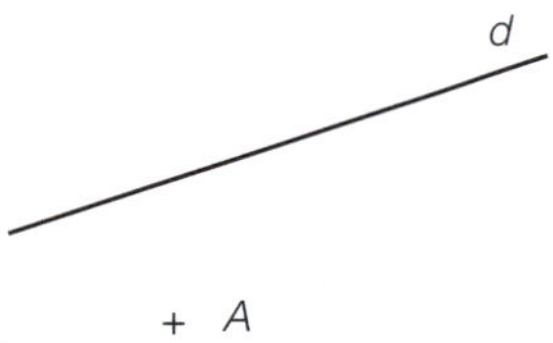

■ Tracé de la perpendiculaire à la droite *d* passant par le point *A*.

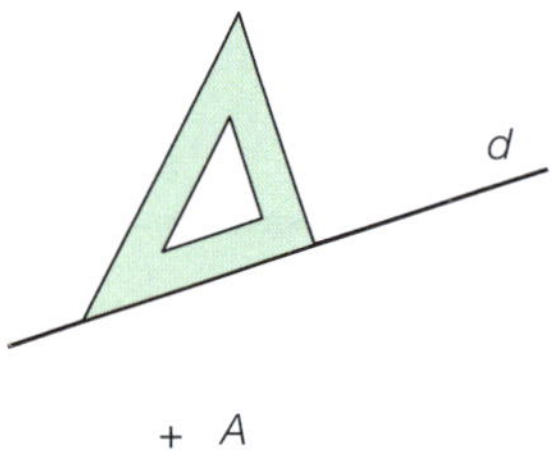

1 Aligner l'un des petits côtés de l'équerre avec la droite *d*.

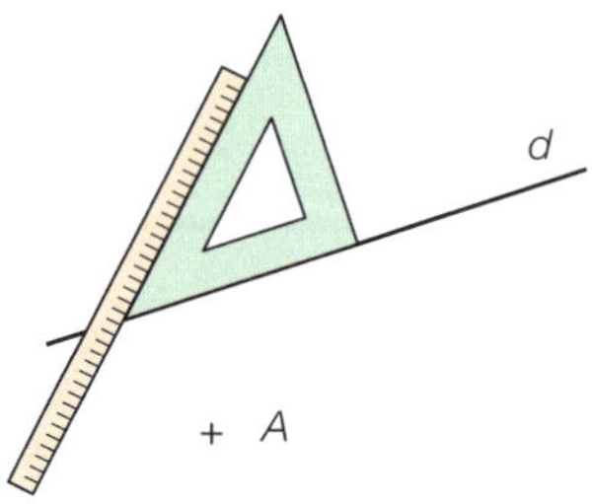

2 Placer la règle contre le grand côté de l'équerre.

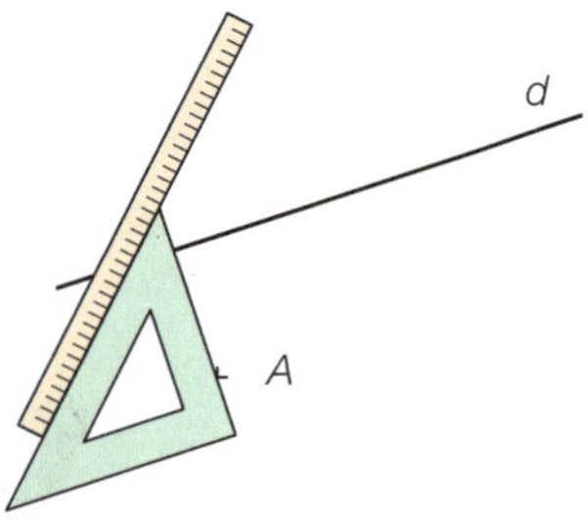

3 Faire glisser l'équerre le long de la règle jusqu'au point *A*.

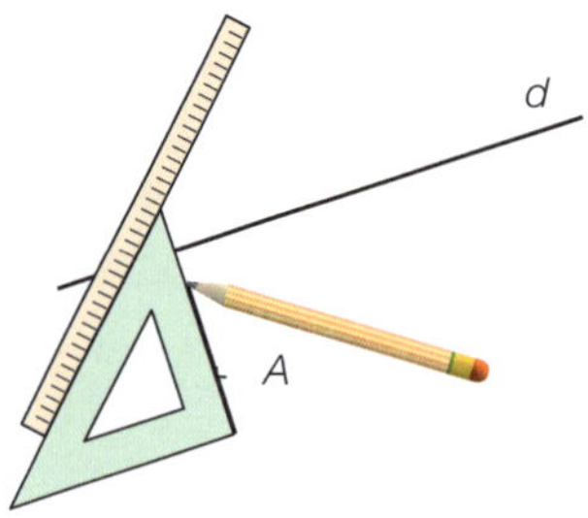

4 Tracer la perpendiculaire à *d* passant par *A*.

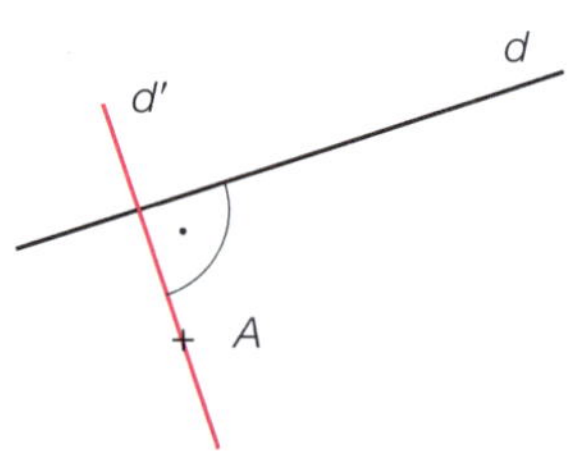

5 La droite *d'* est la perpendiculaire à la droite *d* passant par le point *A*.

On peut aussi construire la perpendiculaire à une droite passant par un point :
- en disposant la règle et l'équerre différemment ;
- en utilisant le compas et la règle seulement.

Droites parallèles

Deux droites parallèles sont deux droites d'un même plan qui n'ont aucun point commun.

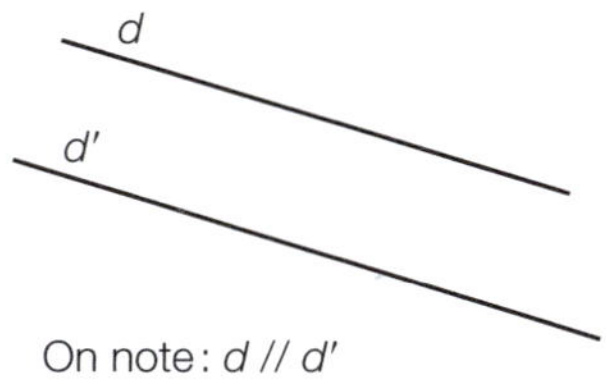

On note : d // d'

Cas particulier
Par convention, deux droites confondues sont aussi parallèles.

Construction de la parallèle à une droite passant par un point

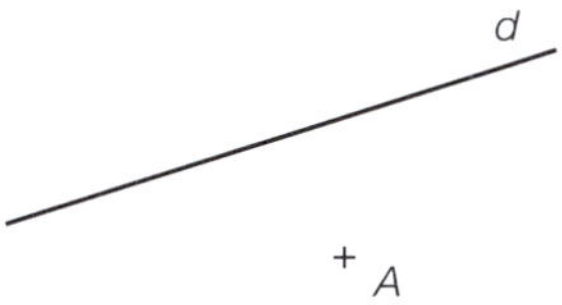

■ Tracé de la parallèle à la droite d passant par le point A.

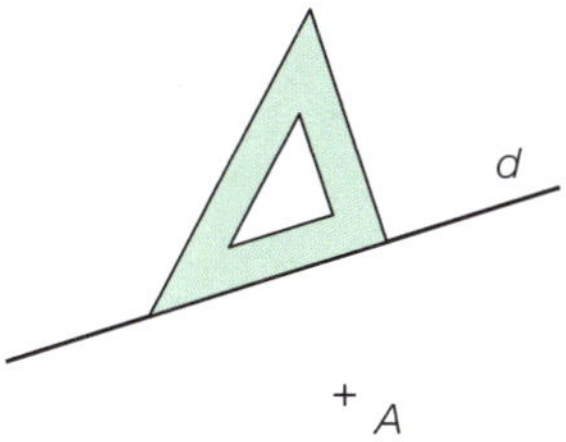

1 Aligner l'un des côtés de l'équerre avec la droite d.

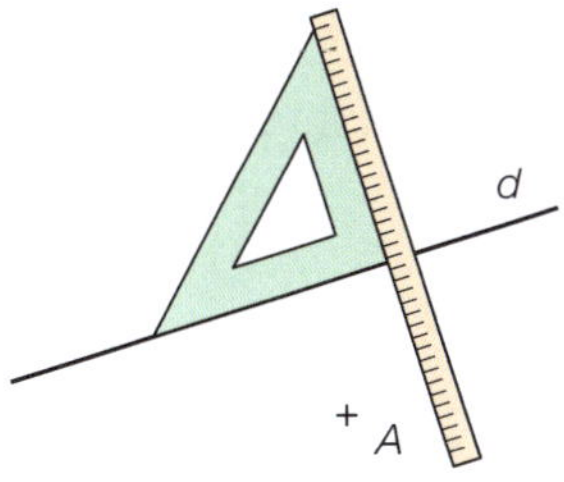

2 Placer la règle contre un autre côté de l'équerre.

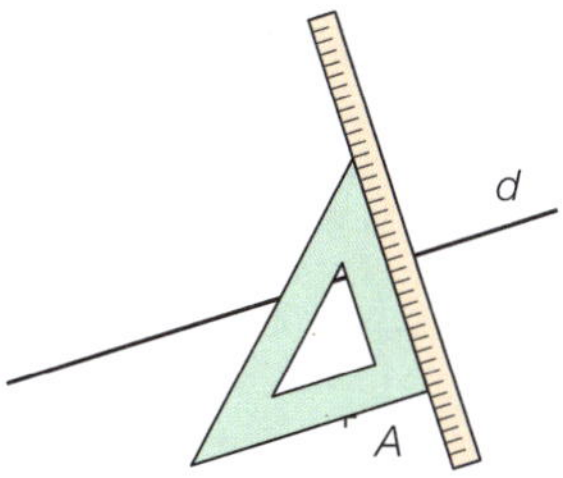

3 Faire glisser l'équerre le long de la règle jusqu'au point A.

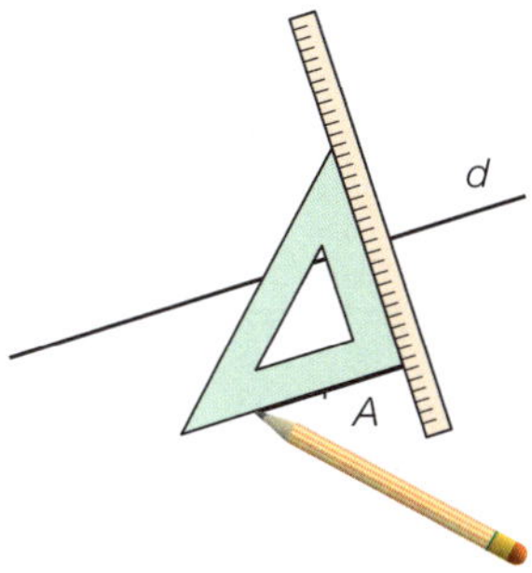

4 Tracer la parallèle à d passant par A.

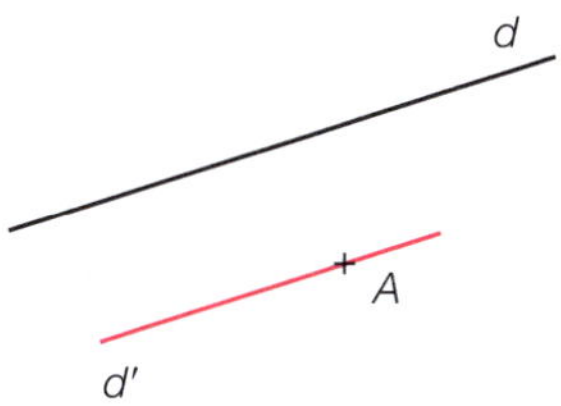

5 La droite d' est la parallèle à la droite d passant par le point A.

On peut aussi construire la parallèle à une droite passant par un point :
- en disposant la règle et l'équerre différemment ;
- en utilisant le compas et la règle seulement.

Vecteur

Un vecteur peut être représenté par un segment de droite orienté.

Un vecteur possède une direction, un sens et une longueur.

Les flèches $\overrightarrow{AA'}$, $\overrightarrow{BB'}$ et $\overrightarrow{CC'}$ ont même direction (elles sont parallèles), même sens et même longueur.

Ces flèches représentent le même vecteur, que l'on peut également noter $\vec{v}$, par exemple.

On peut donc écrire $\overrightarrow{AA'} = \overrightarrow{BB'} = \overrightarrow{CC'} = \vec{v}$

Un vecteur peut être représenté par une infinité de flèches.

⇢ Translation (p. 103)

vecteur
vector (latin) : celui qui transporte

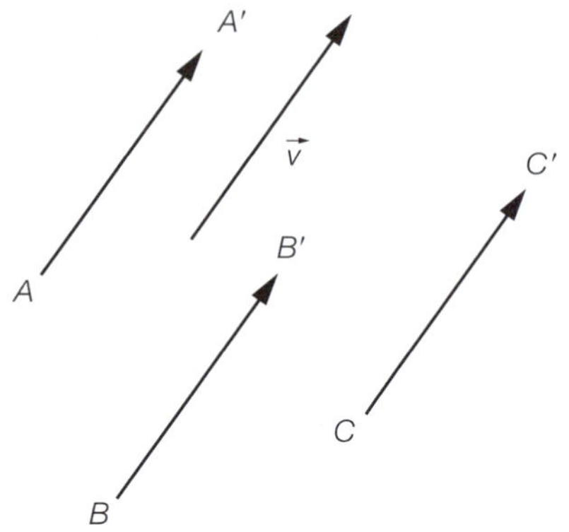

Addition de deux vecteurs

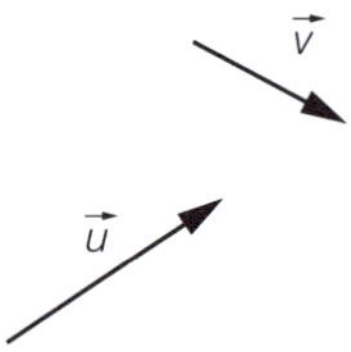

■ Construction d'une flèche représentant le vecteur $\vec{u} + \vec{v}$.

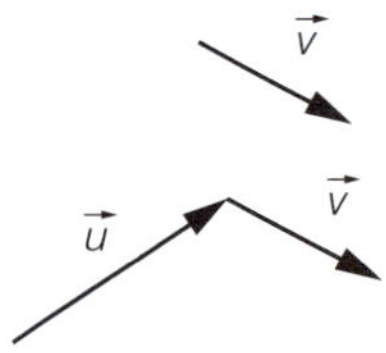

1 Tracer une flèche représentant le vecteur $\vec{v}$ de telle sorte que son origine corresponde à l'extrémité de la flèche représentant le vecteur $\vec{u}$.

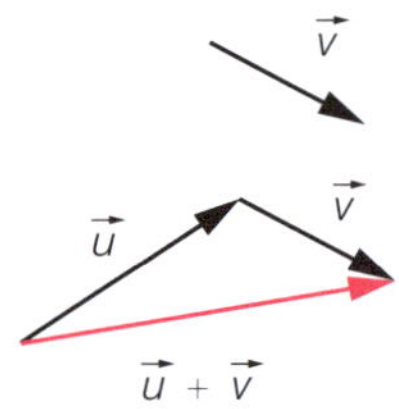

2 Tracer ensuite la flèche représentant le vecteur $\vec{u} + \vec{v}$.

L'addition de vecteurs est notamment utilisée en physique lorsqu'il s'agit de déterminer la résultante de forces s'exerçant sur un corps.

Il existe d'autres méthodes pour additionner deux vecteurs.

Multiplication d'un vecteur par un nombre

La longueur du vecteur $\vec{v}$ est 2,5 fois celle du vecteur $\vec{u}$.

Les vecteurs $\vec{u}$ et $\vec{v}$ ont même direction et même sens.

La longueur du vecteur $\vec{w}$ est 1,2 fois celle du vecteur $\vec{u}$.

Les vecteurs $\vec{u}$ et $\vec{w}$ ont même direction, mais sont de sens opposé.

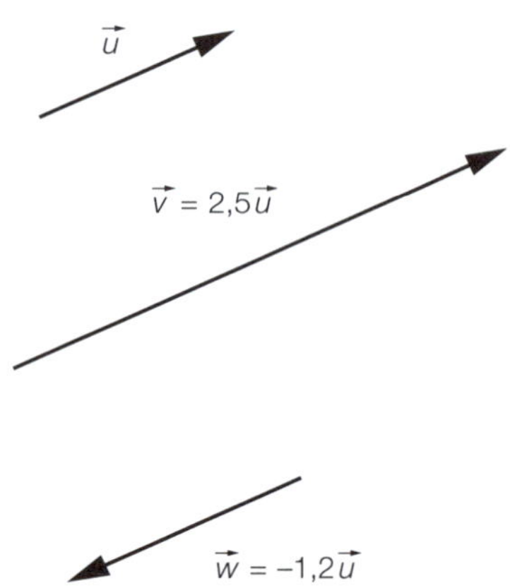

Angles

Angle

Un angle est une portion du plan limitée par deux demi-droites de même origine.

Le point O est le sommet de l'angle.

Les demi-droites Oa et Ob, d'origine O, sont les côtés de l'angle.

Cet angle est noté $\widehat{aOb}$ ou $\widehat{bOa}$.

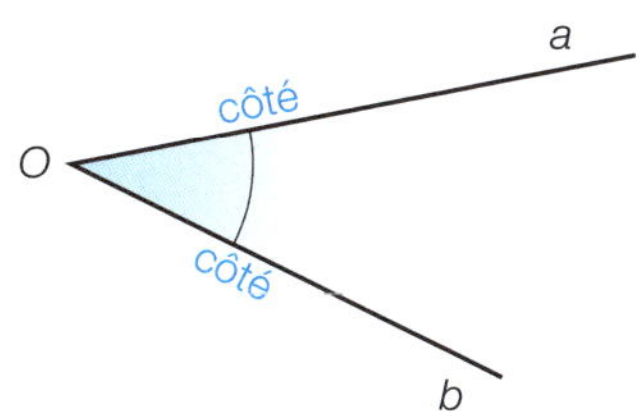

Autres notations

Dans ce triangle, l'angle de sommet C est noté $\widehat{BCA}$ ou $\widehat{ACB}$.

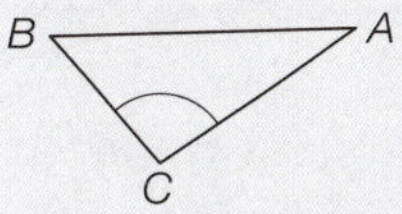

Une lettre grecque peut aussi désigner un angle:

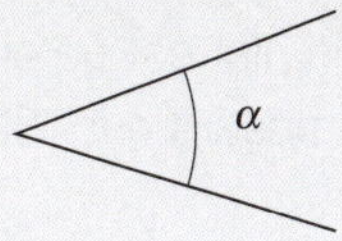

Mesure d'un angle

On mesure les angles à l'aide d'un rapporteur. Le degré (°) est une unité de mesure des angles.

Exemple

35 degrés se note 35°

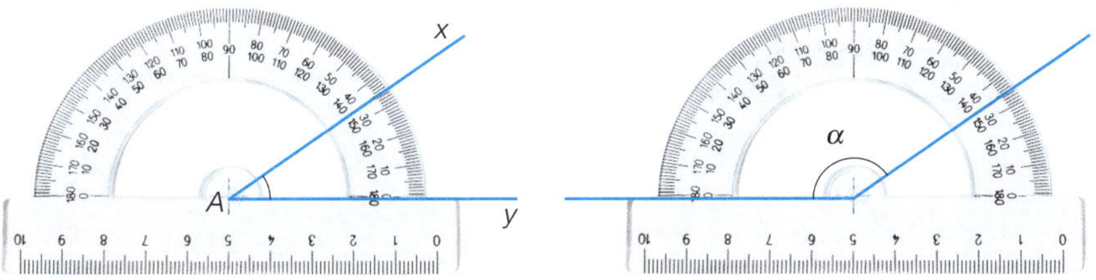

$\widehat{xAy} = 35°$

$\alpha = 145°$

Attention!

Il y a souvent deux graduations sur un rapporteur. Il faut donc bien regarder celle qui correspond à l'angle que l'on mesure.

Classement des angles

Un angle aigu est un angle dont la mesure est comprise entre 0° (angle nul) et 90°.

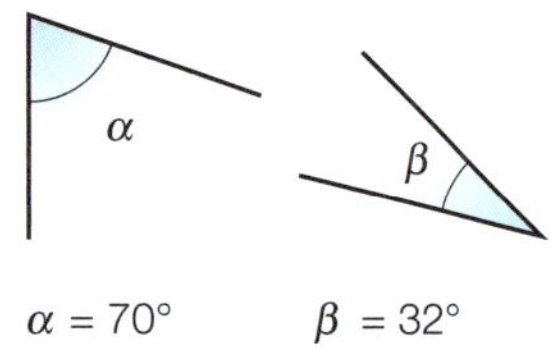

Un angle droit est un angle dont la mesure est 90°.

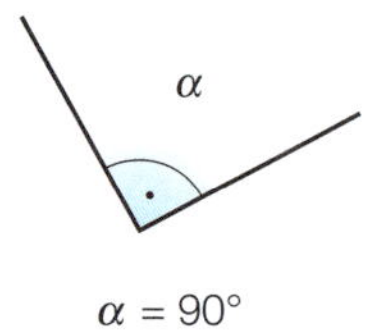

Un angle obtus est un angle dont la mesure est comprise entre 90° et 180°.

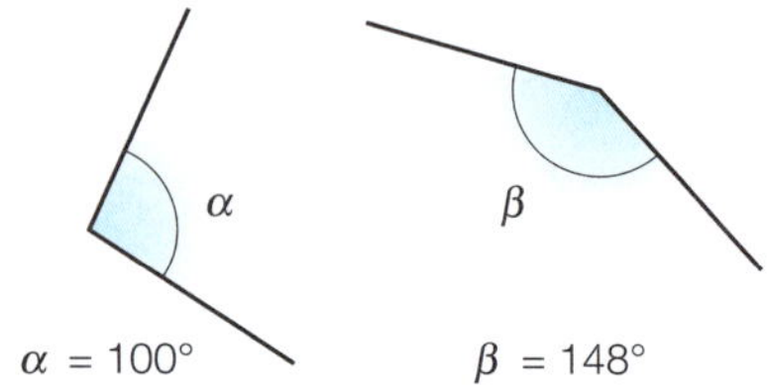

Un angle plat est un angle dont la mesure est 180°.

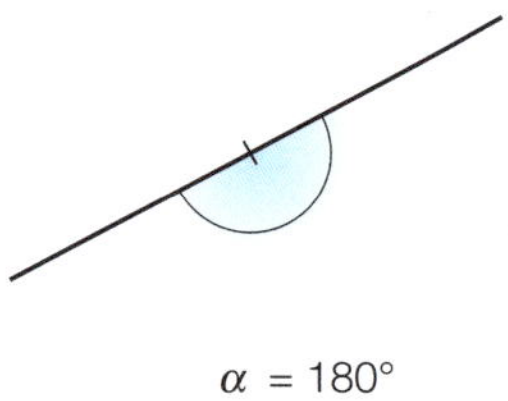

Un angle rentrant (ou non convexe) est un angle dont la mesure est comprise entre 180° et 360°.

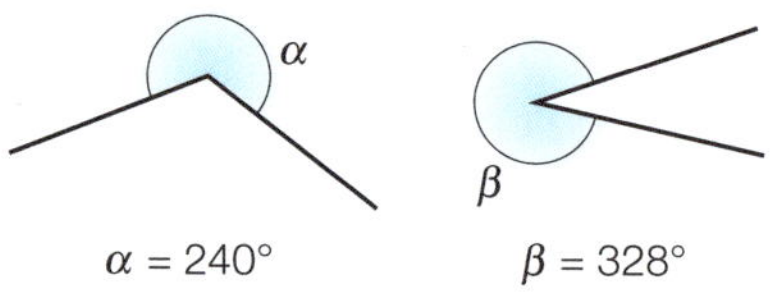

Un angle plein est un angle dont la mesure est 360°.

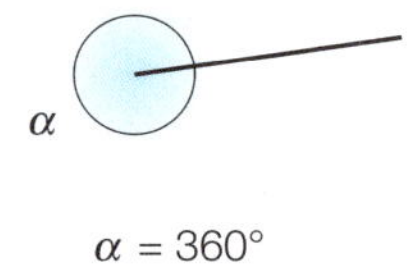

Report d'un angle à l'aide du compas

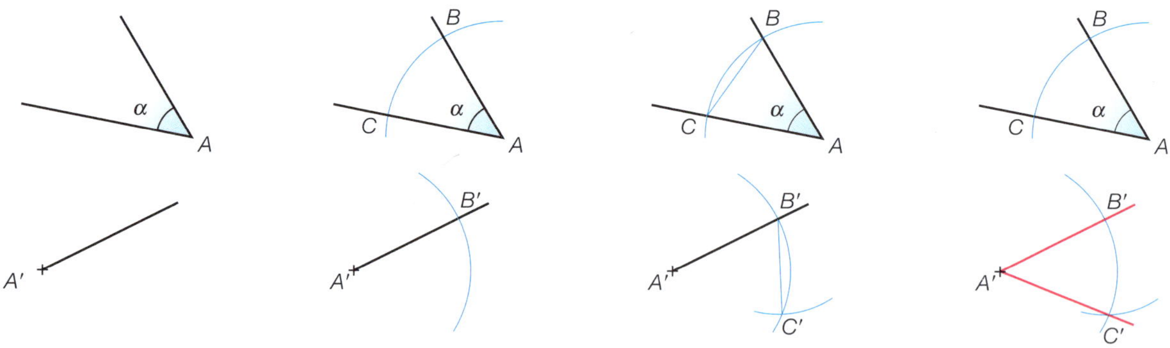

■ Report de l'angle α sur une demi-droite d'origine A'.

1 Tracer deux arcs de cercle de même rayon : l'un de centre A, qui coupe les deux côtés de l'angle α aux points B et C ; l'autre de centre A', qui coupe la demi-droite d'origine A' au point B'.

2 Construire au compas le point C' tel que $BC = B'C'$.

3 Tracer la demi-droite d'origine A' passant par le point C'.
Les angles $\widehat{BAC}$ et $\widehat{B'A'C'}$ sont isométriques.

Angles adjacents

Deux angles adjacents sont deux angles qui ne se recouvrent pas, qui ont un même sommet et un côté commun.

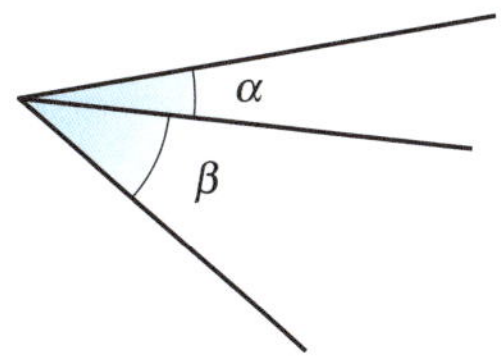

α et β sont adjacents

Angles complémentaires

Deux angles complémentaires sont deux angles dont la somme des mesures est 90°.

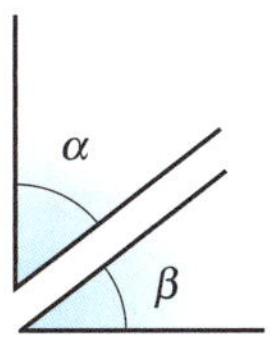

$\alpha = 52°$
$\beta = 38°$
$\alpha + \beta = 90°$

α et β sont complémentaires

Cas particulier
Les deux angles aigus d'un triangle rectangle sont complémentaires.

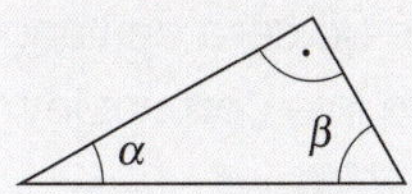

$\alpha + \beta = 90°$

Angles supplémentaires

Deux angles supplémentaires sont deux angles dont la somme des mesures est 180°.

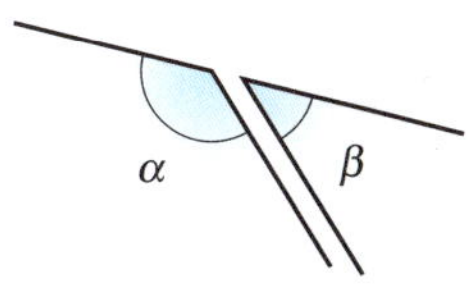

$\alpha = 135°$
$\beta = 45°$
$\alpha + \beta = 180°$

α et β sont supplémentaires

Angles isométriques

Deux angles isométriques sont deux angles qui ont la même mesure.

Deux droites parallèles *a* et *b* coupées par une sécante *s* forment huit angles que l'on peut associer par paires d'angles isométriques.

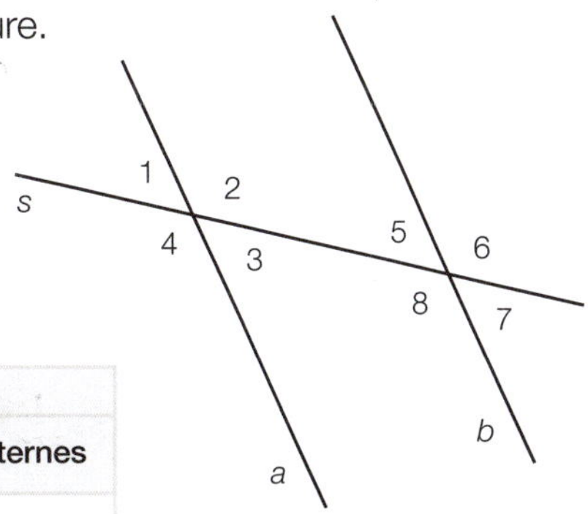

a // *b*

Angles			
opposés par le sommet	correspondants	alternes-internes	alternes-externes
∢ 1 = ∢ 3 ∢ 2 = ∢ 4 ∢ 5 = ∢ 7 ∢ 6 = ∢ 8	∢ 1 = ∢ 5 ∢ 2 = ∢ 6 ∢ 3 = ∢ 7 ∢ 4 = ∢ 8	∢ 2 = ∢ 8 ∢ 3 = ∢ 5	∢ 1 = ∢ 7 ∢ 4 = ∢ 6

Angle au centre d'un cercle, angle inscrit dans un cercle

Un angle inscrit dans un cercle est un angle dont le sommet est sur le cercle et dont les côtés coupent le cercle.

Un angle au centre est un angle dont le sommet est le centre du cercle.

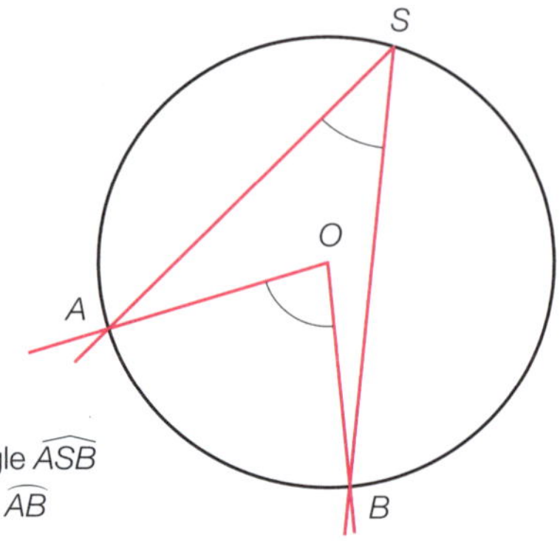

L'angle $\widehat{ASB}$ est un angle inscrit
L'angle $\widehat{AOB}$ est l'angle au centre de l'angle $\widehat{ASB}$
Les angles $\widehat{ASB}$ et $\widehat{AOB}$ interceptent l'arc $\widehat{AB}$

La mesure d'un angle inscrit est la moitié de celle de l'angle au centre interceptant le même arc de cercle.

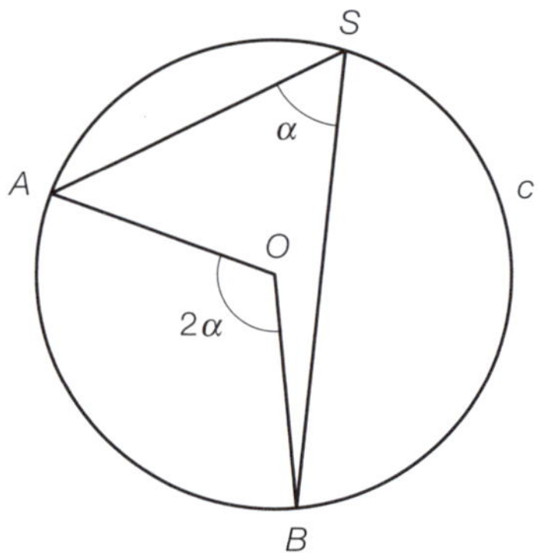

Cas général

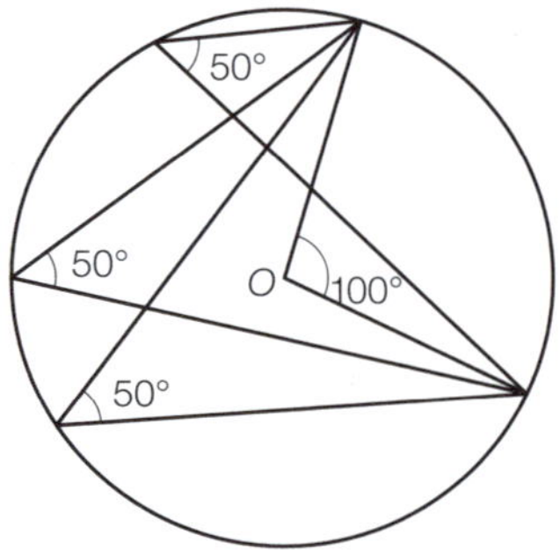

Exemple

Cercle de Thalès d'un segment (p. 80), Arc capable (p. 81)

Cercle de Thalès d'un segment

Le cercle de Thalès d'un segment *AB* est le cercle de diamètre *AB*.

Le cercle de Thalès d'un segment *AB* est l'ensemble des points (à l'exception de *A* et *B*) d'où l'on « voit » le segment *AB* sous un angle droit.

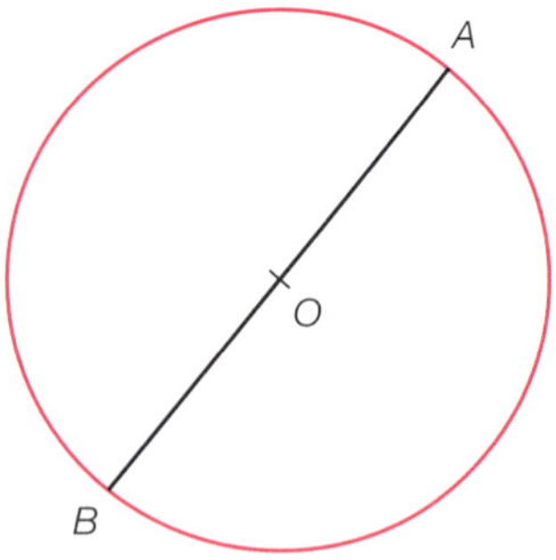

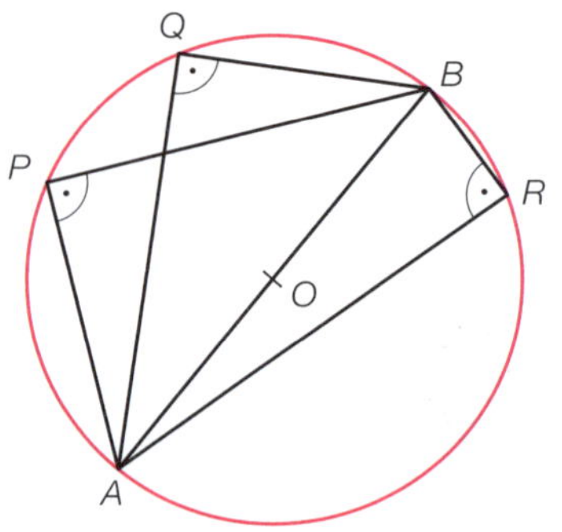

Lieu géométrique (p. 72), Angle au centre d'un cercle, angle inscrit dans un cercle (p. 80), Arc capable (p. 81)

Arc capable

L'arc capable (le double arc capable) relatif à un segment *AB* et à un angle α est l'ensemble des points d'où l'on « voit » le segment *AB* sous l'angle α.

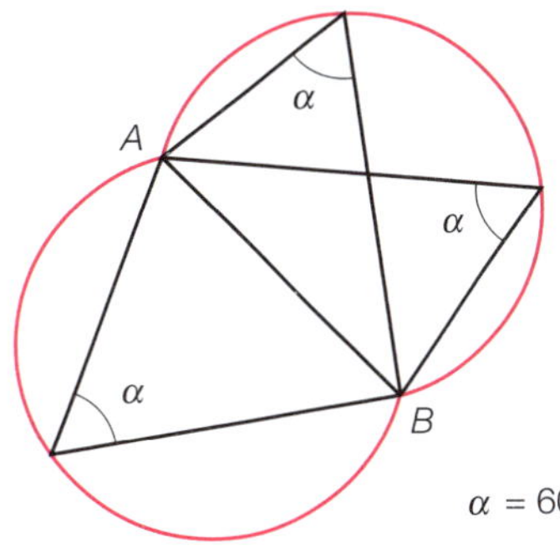

→ Lieu géométrique (p. 72), Angle au centre d'un cercle, angle inscrit dans un cercle (p. 80)

Construction d'un arc capable

Il existe d'autres méthodes pour construire un arc capable.

■ Construction de l'ensemble des points d'où l'on « voit » le segment *AB* sous un angle de 40°.

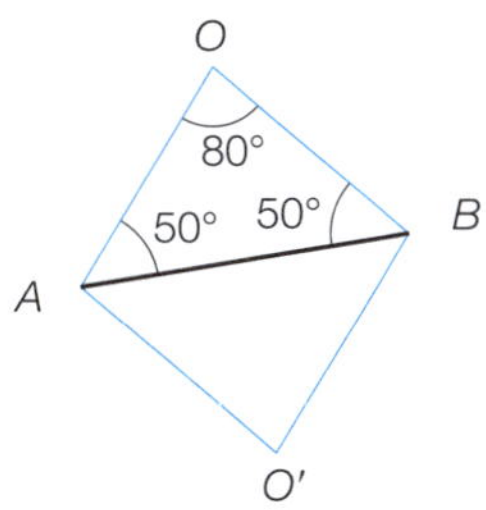

1 Construire deux triangles isocèles *OAB* et *O′AB* dont les angles isométriques mesurent 50° = (180° – 2 · 40°) : 2.

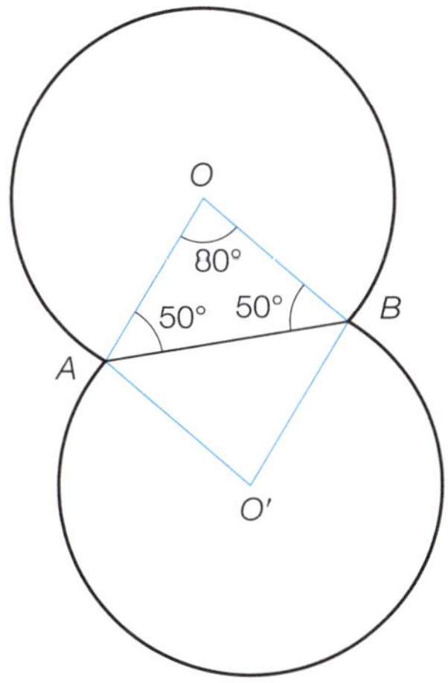

2 Tracer deux arcs de cercle, de centres *O* et *O′*, passant par les points *A* et *B*.

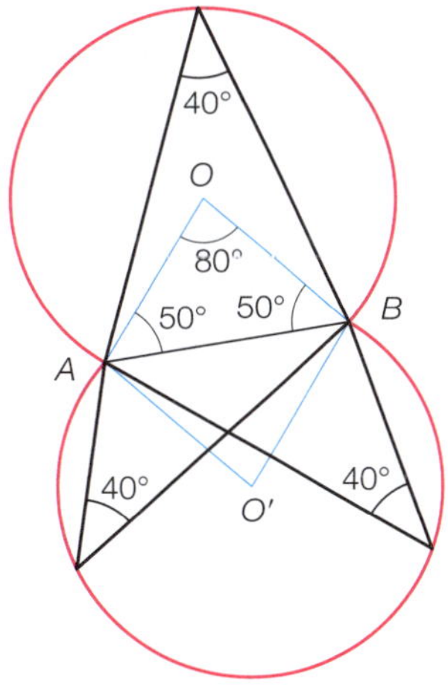

3 De chaque point de ces arcs de cercle, on « voit » le segment *AB* sous un angle de 40°.

Polygones

Polygone

Un polygone est une figure plane limitée uniquement par des segments.

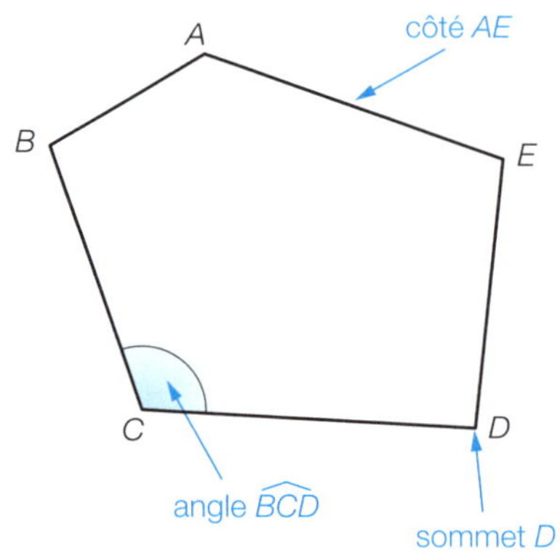

En respectant l'ordre dans lequel les sommets se suivent sur le pourtour de ce polygone, on pourrait l'appeler le « polygone *ABCDE* », mais aussi « *CDEAB* » ou encore « *AEDCB* », … Mais, par exemple, on ne peut pas l'appeler le « polygone *ABCED* ».

polygone
polus (grec) : beaucoup
gônia (grec) : angle
qui a beaucoup d'angles

Une figure plane est une partie du plan limitée par une ligne fermée.

Diagonale d'un polygone

Une diagonale est un segment qui joint deux sommets non consécutifs d'un polygone.

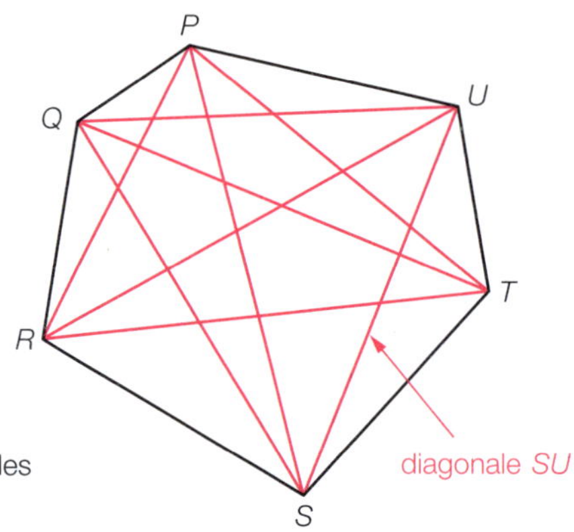

Le polygone *PQRSTU* possède neuf diagonales

diagonale
dia (grec) : à travers
gônia (grec) : angle
qui traverse d'un angle à un autre

consécutif
consequi (latin) : suivre

ES

Figure polygonale et figure convexe

Une figure convexe est une figure qui contient chaque segment joignant deux de ses points.

	Figures polygonales	Figures non polygonales
Figures convexes	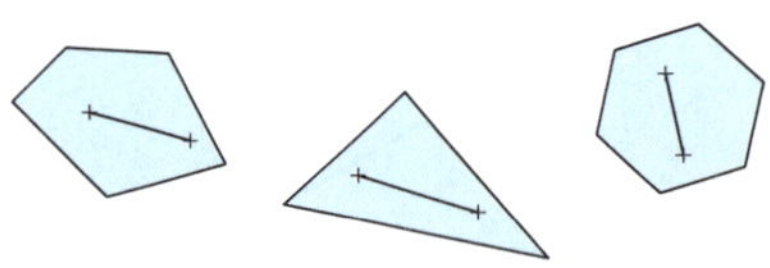	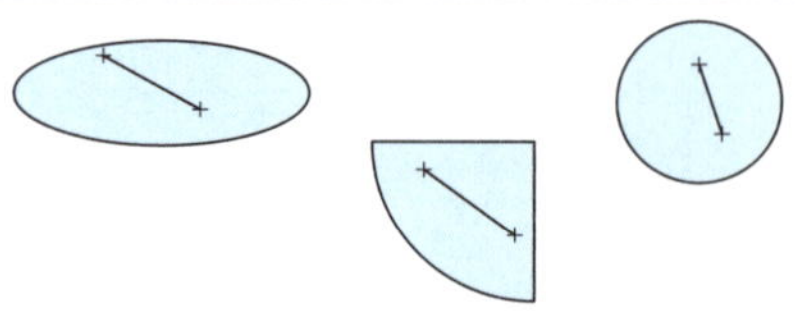
Figures non convexes	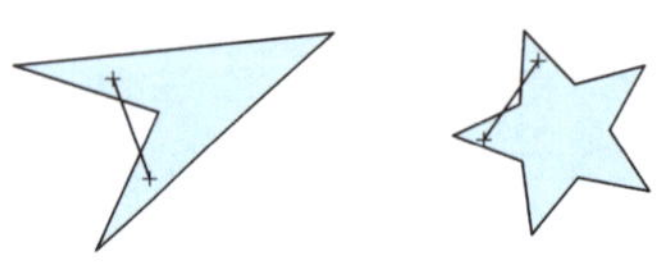	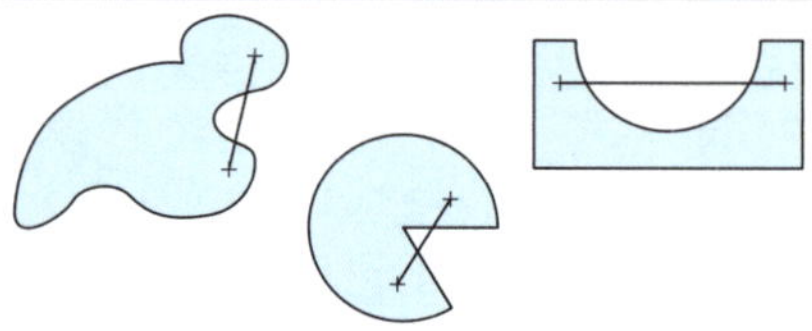

Polygone régulier

pentagone
penta (grec) : cinq
gônia (grec) : angle
polygone à cinq angles

hexagone
hexa : six

heptagone
hepta : sept

octogone
octo : huit

ennéagone
ennea : neuf

décagone
deca : dix

hendécagone
hendeca : onze

dodécagone
dodeca : douze

Un polygone régulier est un polygone dont tous les côtés sont isométriques et dont tous les angles sont isométriques. Il est inscriptible dans un cercle.

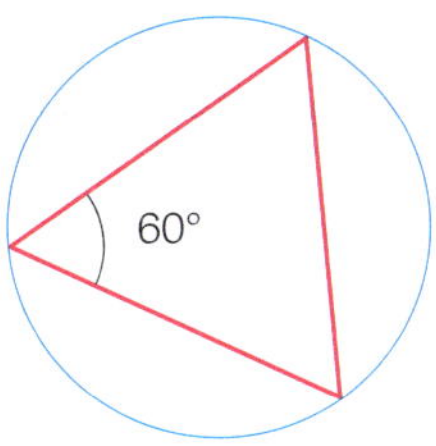

Triangle équilatéral

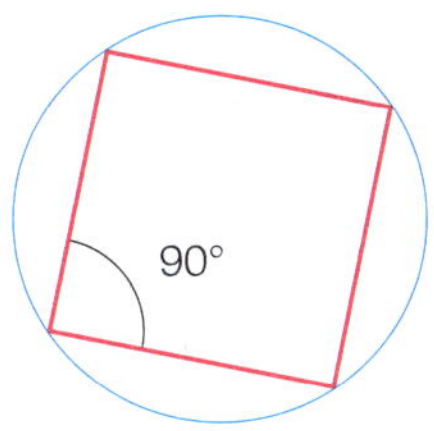

Carré

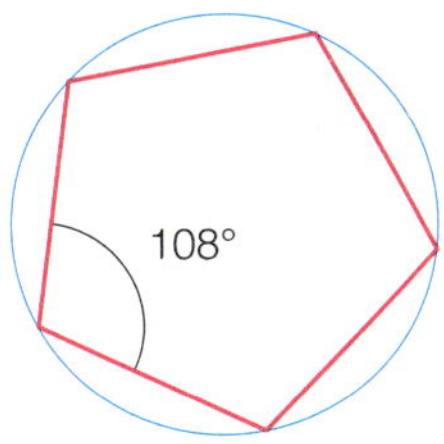

Pentagone régulier

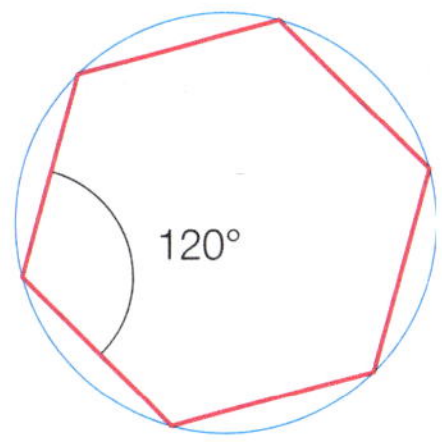

Hexagone régulier

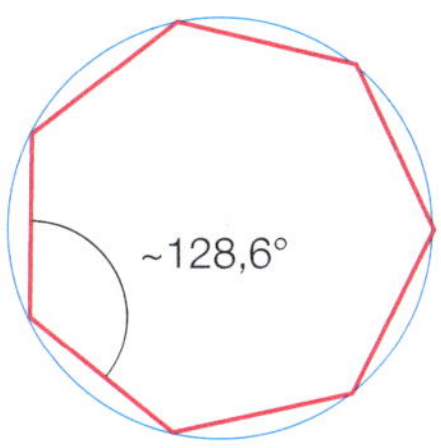

Heptagone régulier

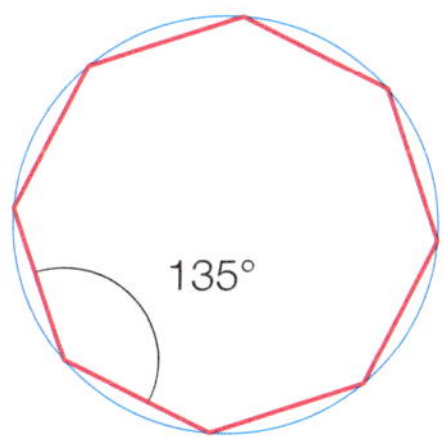

Octogone régulier

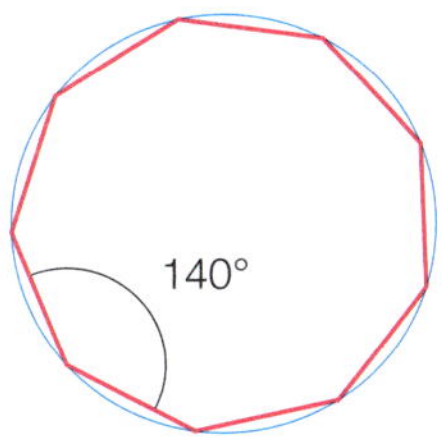

Ennéagone régulier

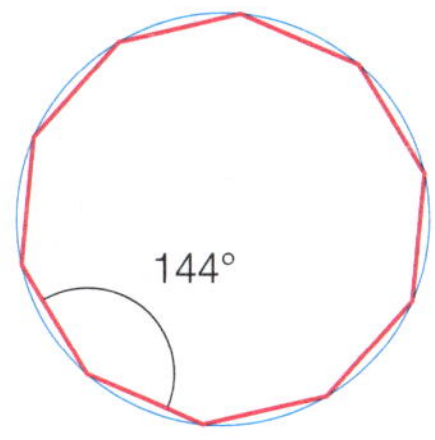

Décagone régulier

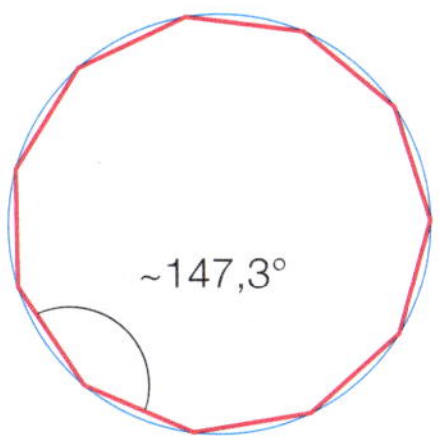

Hendécagone régulier

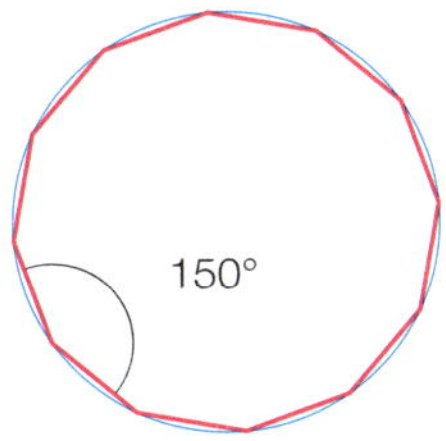

Dodécagone régulier

Un polygone régulier est un polygone qui a autant d'axes de symétrie que de côtés.

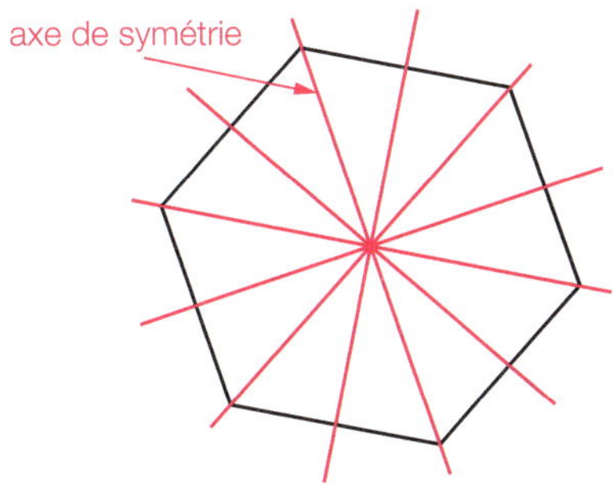

Hexagone régulier

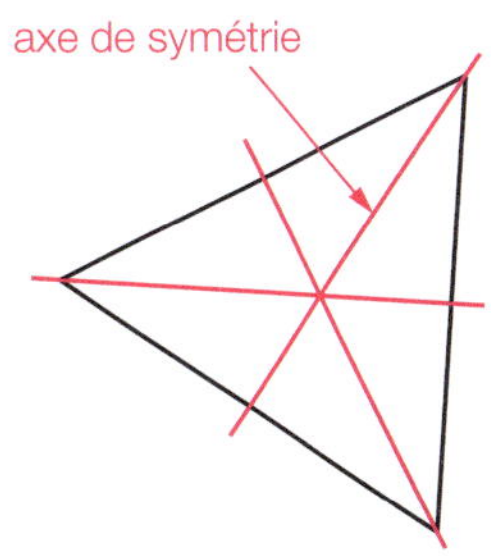

Triangle équilatéral

→

La mesure, en degrés, de l'angle au centre d'un polygone régulier à n sommets est $360° : n$.

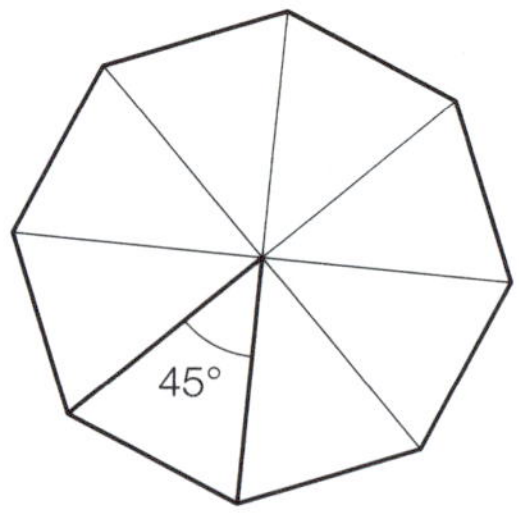

Octogone régulier

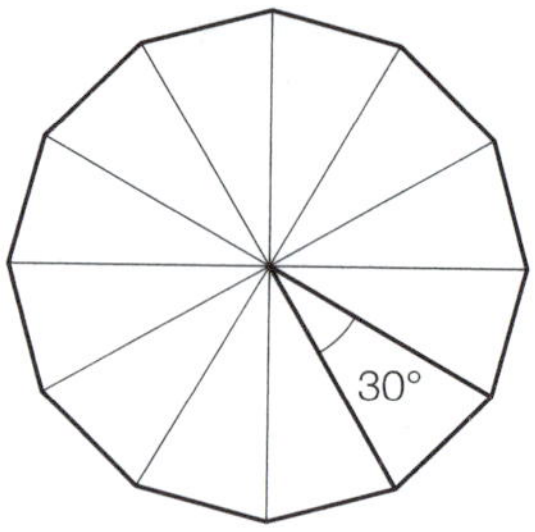

Dodécagone régulier

Symétrie axiale (p. 104)

Somme des angles d'un polygone

La somme, en degrés, des mesures des angles d'un polygone à n côtés est $180° \cdot (n - 2)$.

Cette somme peut également s'écrire sous la forme $180° \cdot n - 360°$.

Exemples

Somme des angles d'un hexagone:
$180° \cdot (6 - 2) = 180° \cdot 4 = 720°$

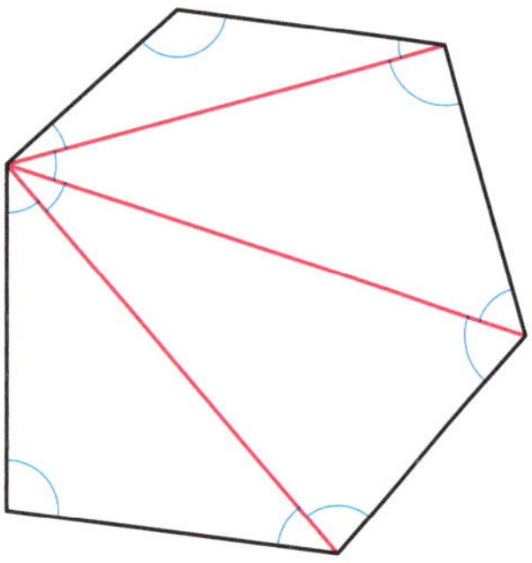

Somme des angles d'un pentagone:
$180° \cdot 5 - 360° = 540°$

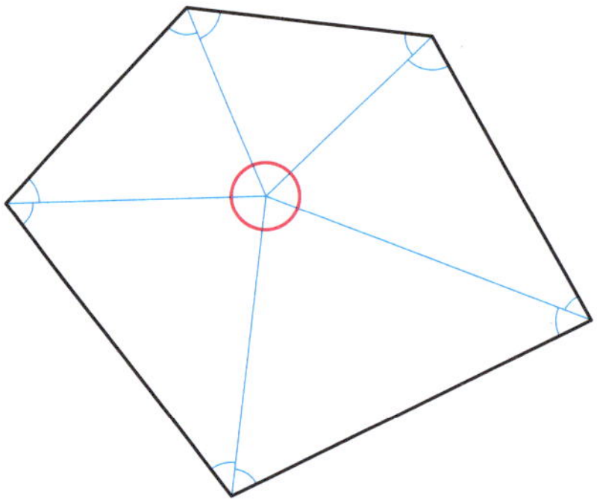

Cas particuliers
La somme des mesures des angles d'un triangle est 180°.

La somme des mesures des angles d'un quadrilatère est 360°.

Polygone inscrit dans un cercle

Un polygone inscrit dans un cercle est un polygone dont tous les sommets sont des points de ce cercle.

Le quadrilatère *ABCD* est inscrit dans le cercle *c*

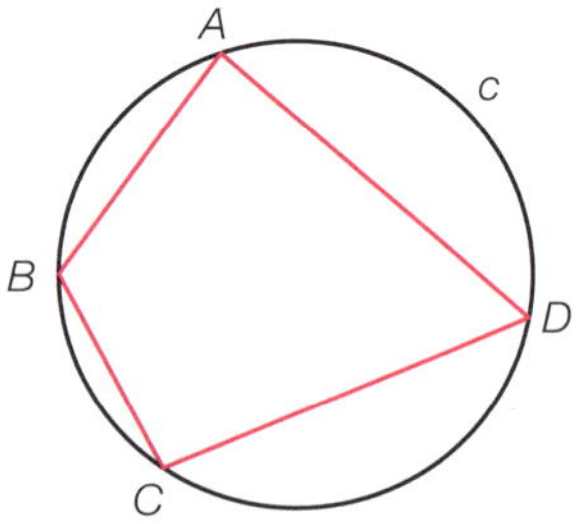

Cercle circonscrit à un triangle (p. 99), Somme des angles opposés d'un quadrilatère inscrit dans un cercle (p. 90)

Triangle

Un triangle est une figure qui a trois côtés, trois angles et trois sommets.

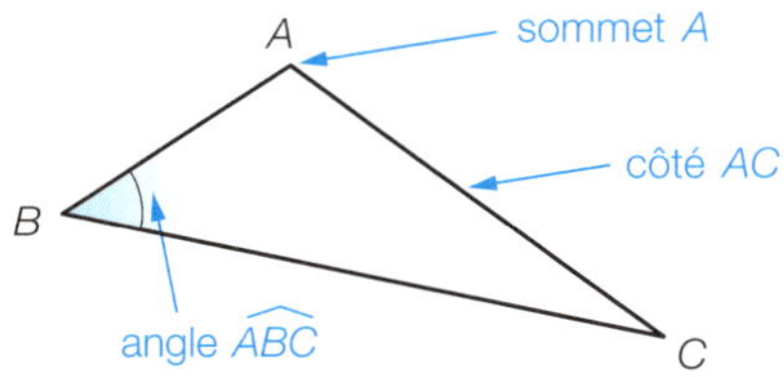

triangle
tri (latin) : trois
angulus (latin) : angle

Somme des angles d'un triangle

La somme des mesures des angles d'un triangle est 180°.

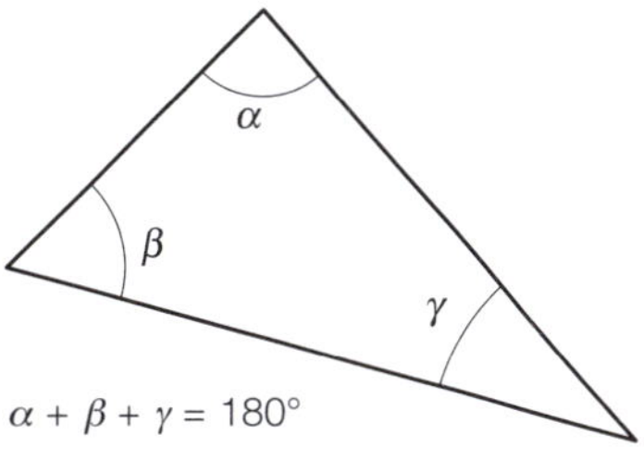

$\alpha + \beta + \gamma = 180°$

⇢ Somme des angles d'un polygone (p. 84)

Triangles remarquables

équilatéral
aequus (latin) : égal
latus (latin) : côté
aux côtés égaux

isocèle
isos (grec) : même
skelos (grec) : jambe
aux jambes égales

hypoténuse
hypo (grec) : sous
teinein (grec) : tendre
le côté opposé de l'angle droit

Nom	Figure	Côtés	Angles	Symétries
Triangle équilatéral	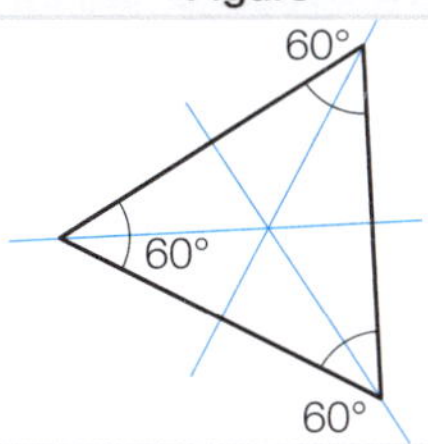	Trois côtés isométriques	Trois angles isométriques	Trois axes de symétrie
Triangle isocèle	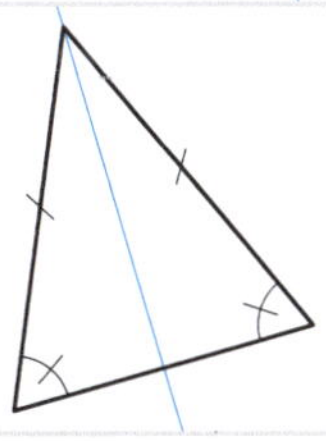	Au moins deux côtés isométriques	Au moins deux angles isométriques	Au moins un axe de symétrie
Triangle rectangle		Deux côtés perpendiculaires Le côté opposé à l'angle droit est l'hypoténuse	Un angle droit	

⇢ Angle (p. 77), Symétrie axiale (p. 104)

ES

Classement des triangles

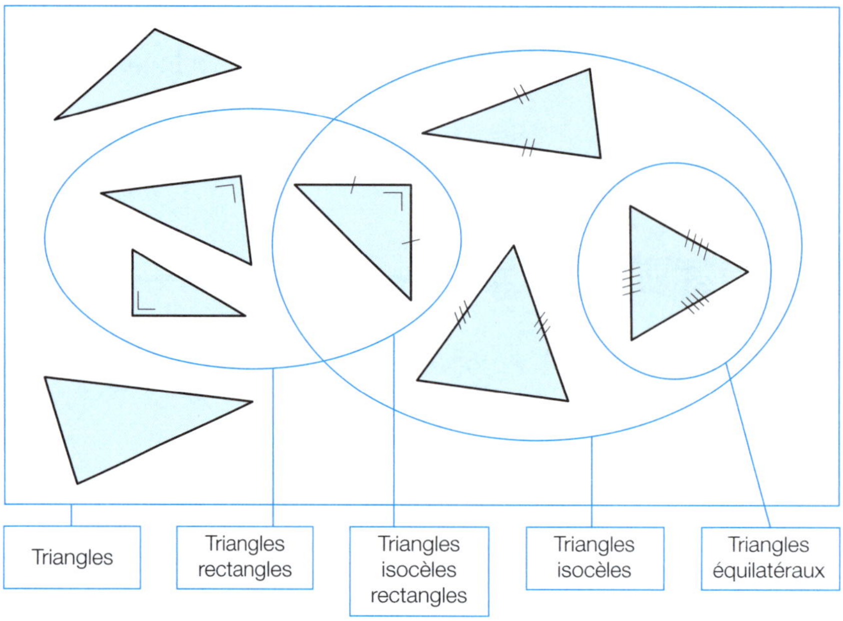

Segment moyen d'un triangle

Un segment moyen est un segment qui joint les milieux de deux côtés d'un triangle.

Il mesure la moitié de la longueur du troisième côté :

$MN = \frac{ED}{2}$

Il est parallèle au troisième côté :

$MN \parallel ED$

⇢ Homothétie (p. 109), Théorème de Thalès (p. 127)

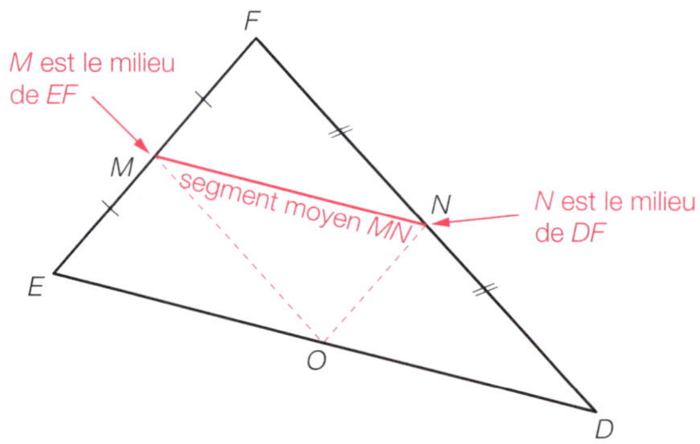

Cas d'isométrie des triangles

Deux triangles sont isométriques, s'ils ont :

- un côté isométrique compris entre deux angles respectivement isométriques :

  Les triangles ABC et DEF sont isométriques, car $BC = DE$, $\widehat{ABC} = \widehat{FDE}$ et $\widehat{BCA} = \widehat{DEF}$

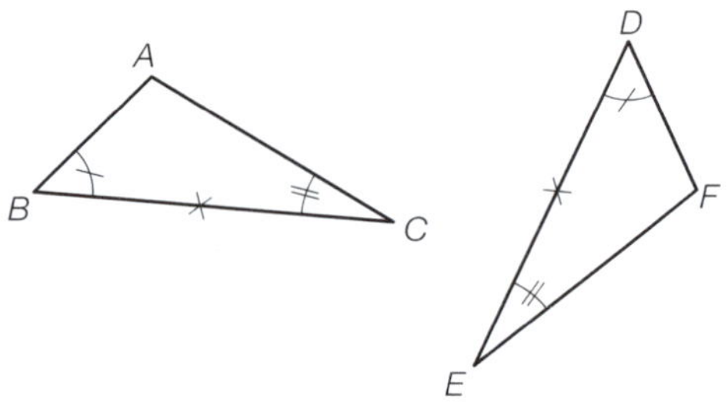

➜

- deux côtés respectivement isométriques adjacents à un angle isométrique :

  Les triangles ABC et DEF sont isométriques, car $AB = DE$, $BC = EF$ et $\widehat{ABC} = \widehat{DEF}$

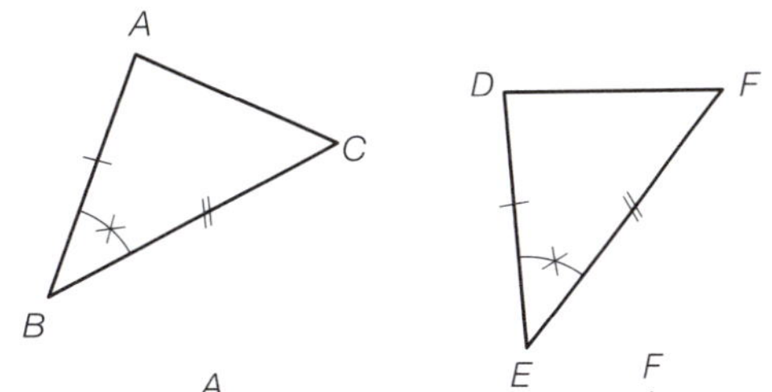

- leurs trois côtés respectivement isométriques :

  Les triangles ABC et DEF sont isométriques, car $AB = DF$, $BC = EF$ et $AC = ED$

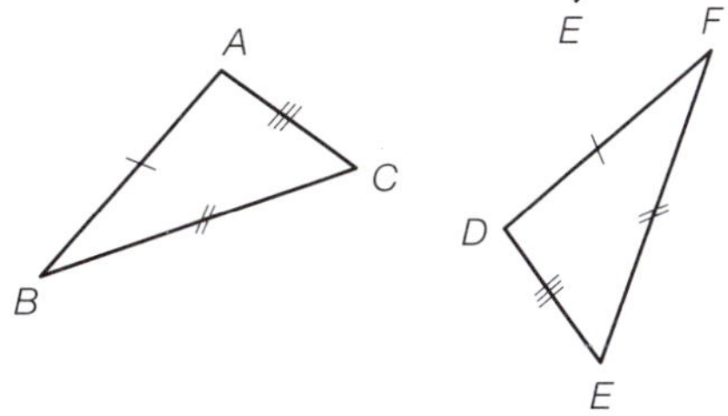

⋯› Isométries (p. 101)

Cas de similitude des triangles

Deux triangles sont semblables s'ils ont :

- un angle isométrique compris entre deux côtés respectivement proportionnels :

  Les triangles ABC et $A'B'C'$ sont semblables, car $\widehat{ACB} = \widehat{A'C'B'}$ et $\frac{a}{a'} = \frac{b}{b'}$

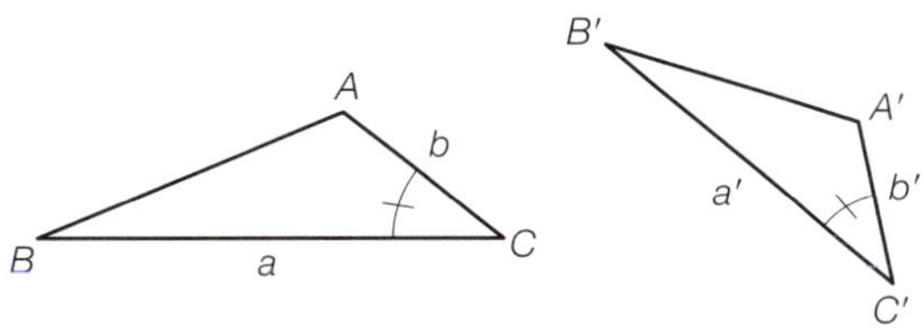

- deux angles respectivement isométriques :

  Les triangles ABC et $A'B'C'$ sont semblables, car $\widehat{ABC} = \widehat{A'B'C'}$ et $\widehat{BCA} = \widehat{B'C'A'}$

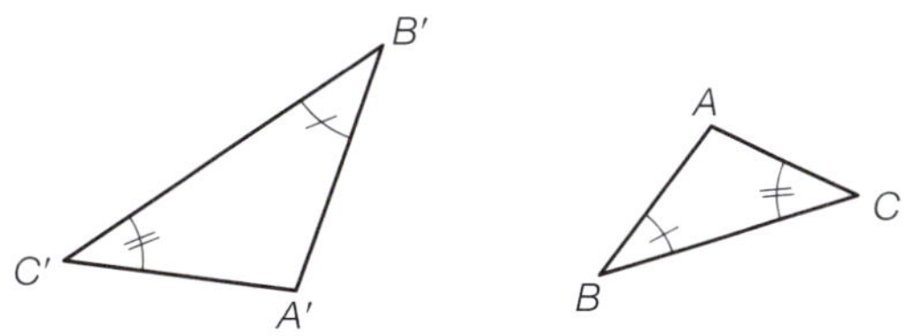

- leurs trois côtés respectivement proportionnels :

  Les triangles ABC et $A'B'C'$ sont semblables, car $\frac{a}{a'} = \frac{b}{b'} = \frac{c}{c'}$

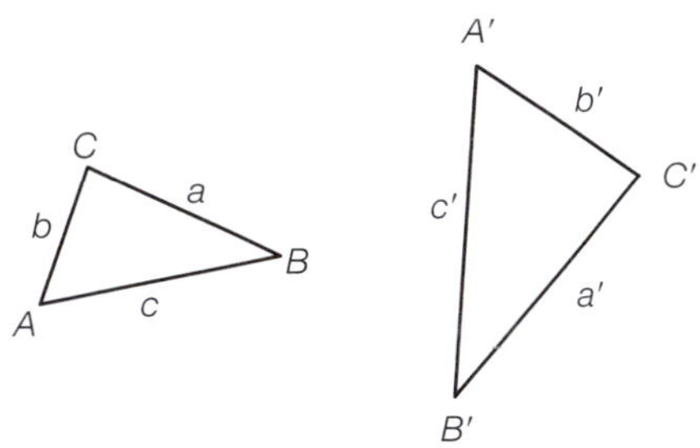

⋯› Similitude (p. 112), Figures semblables (p. 113)

Quadrilatère

Un quadrilatère est une figure plane qui a quatre côtés.

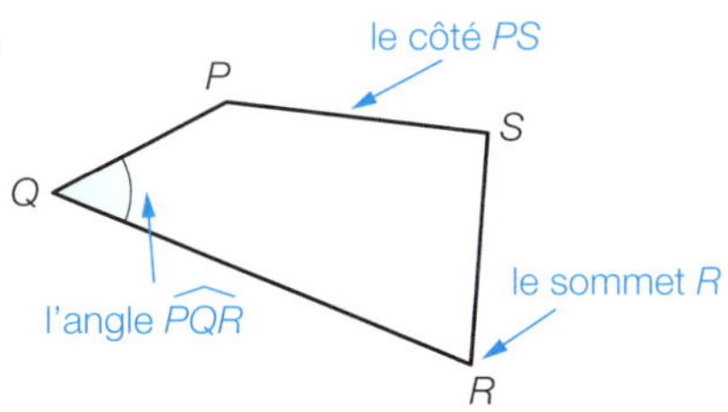

quadrilatère
quattuor (latin) : quatre
latus (latin) : le côté

Quadrilatères remarquables

carré
quadratus (latin) : part. passé de *quadrare* : carrer, rendre carré

adjacent
adjacere (latin) : être situé auprès de

rectangle
rectus (latin) : droit
angulus (latin) : angle
polygone qui a des angles droits

trapèze
trapeza (grec) : la table

Nom	Figure	Côtés	Diagonales	Angles	Symétries	Remarques
Carré	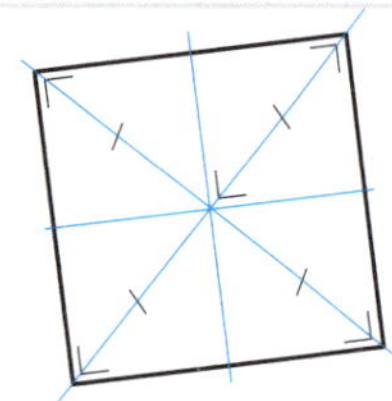	Quatre côtés isométriques Deux paires de côtés parallèles	Diagonales isométriques, perpendiculaires, se coupant en leur milieu	Quatre angles droits	Quatre axes de symétrie Un centre de symétrie	Un quadrilatère qui a quatre côtés isométriques et quatre angles droits est un carré
Losange	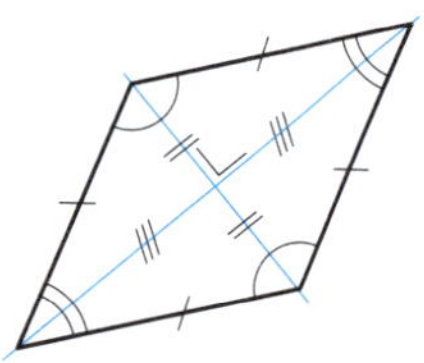	Quatre côtés isométriques Deux paires de côtés parallèles	Diagonales perpendiculaires se coupant en leur milieu	Angles opposés isométriques	Deux axes de symétrie passant par les sommets Un centre de symétrie	Les carrés sont des losanges particuliers
Parallélogramme	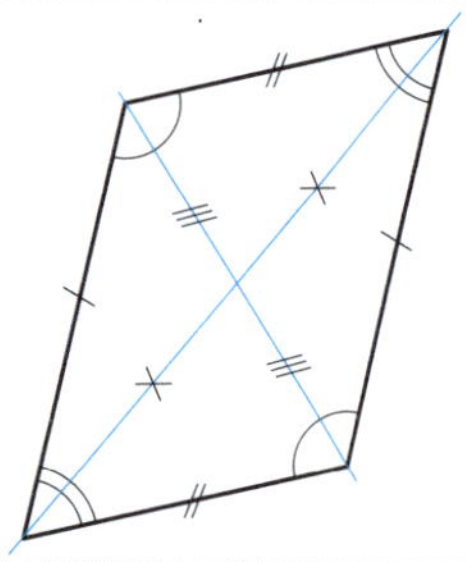	Deux paires de côtés parallèles Côtés opposés isométriques	Diagonales se coupant en leur milieu	Angles opposés isométriques	Un centre de symétrie	Les losanges, les rectangles et les carrés sont des parallélogrammes particuliers
Rectangle	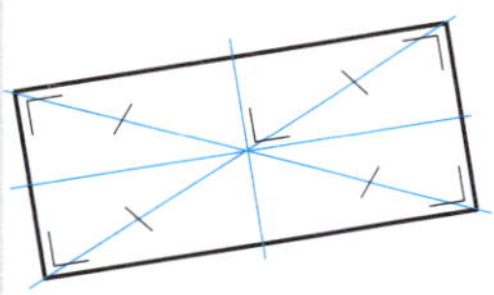	Côtés opposés isométriques Deux paires de côtés parallèles	Diagonales isométriques et se coupant en leur milieu	Quatre angles droits	Deux axes de symétrie perpendiculaires aux côtés Un centre de symétrie	Les carrés sont des rectangles particuliers
Rhomboïde cerf-volant fer de lance	cerf-volant: 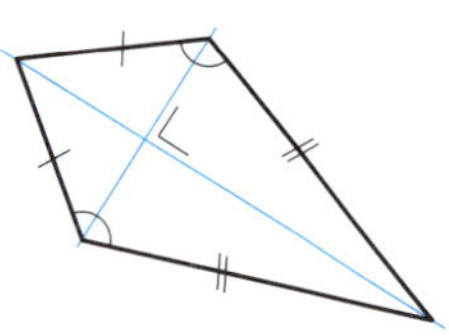 fer de lance: 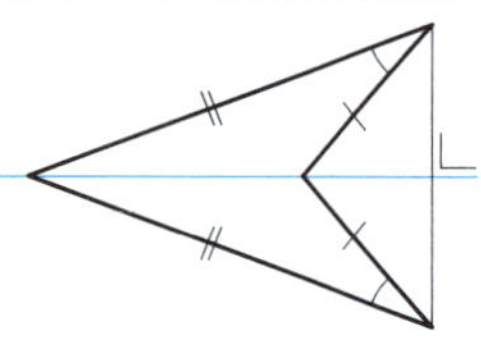	Deux paires de côtés adjacents isométriques	Diagonales perpendiculaires	Au moins une paire d'angles opposés isométriques	Au moins un axe de symétrie passant par des sommets	Les losanges et les carrés sont des rhomboïdes particuliers

Nom	Figure	Côtés	Diagonales	Angles	Symétries	Remarques
Trapèze quelconque	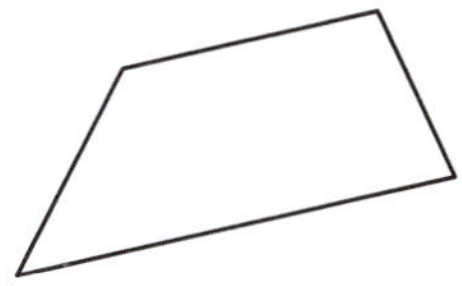	Au moins une paire de côtés parallèles				Les parallélogrammes, les losanges, les rectangles et les carrés sont des trapèzes particuliers
Trapèze isocèle	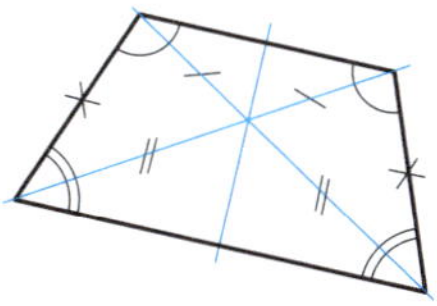	Au moins une paire de côtés parallèles Au moins deux côtés opposés isométriques	Diagonales isométriques	Deux paires d'angles adjacents isométriques	Au moins un axe de symétrie non diagonal	Un trapèze isocèle est un trapèze qui a au moins un axe de symétrie non diagonal
Trapèze rectangle	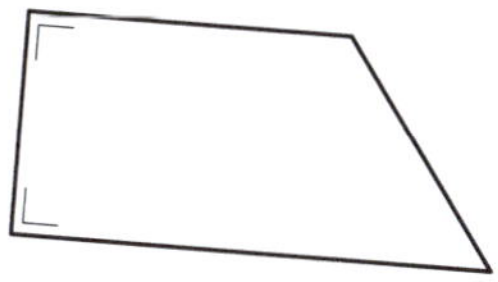	Au moins une paire de côtés parallèles		Au moins deux angles droits		Un trapèze rectangle est un trapèze qui a au moins deux angles droits

Angle (p. 77), Polygone (p. 82)

Classement des quadrilatères

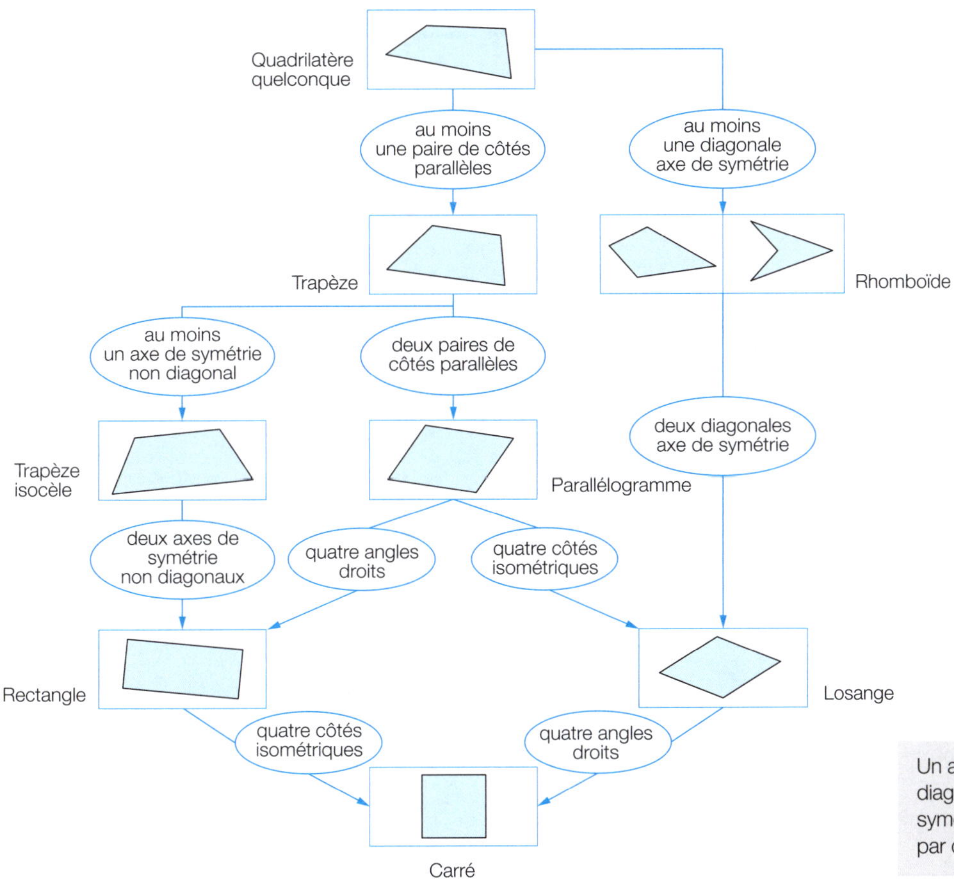

Un axe de symétrie non diagonal est un axe de symétrie qui ne passe pas par deux sommets opposés.

Somme des angles opposés d'un quadrilatère inscrit dans un cercle

La somme des mesures des angles opposés de tout quadrilatère inscrit dans un cercle est 180°.

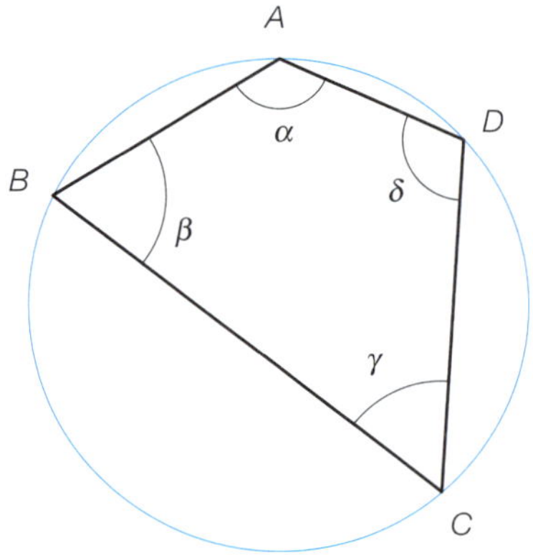

$\alpha + \gamma = 180°$
$\beta + \delta = 180°$

Les carrés et les rectangles sont inscriptibles dans un cercle.

Angle au centre d'un cercle, angle inscrit dans un cercle (p. 80), Somme des angles d'un polygone (p. 84), Cercle circonscrit à un triangle (p. 99)

Cercles et disques

ES

Cercle et disque

Un cercle est l'ensemble de tous les points d'un plan situés à une distance fixée d'un point donné, appelé centre. On appelle disque la surface enfermée par le cercle.

cercle
circus (latin) : cirque

diamètre
dia (grec) : à travers
metron (grec) : mesure

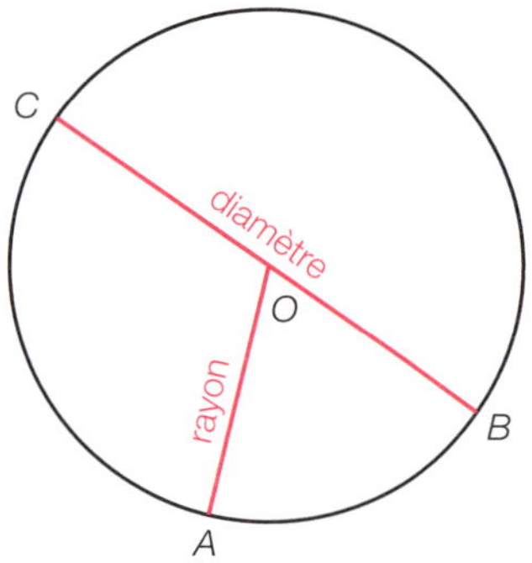

O est le centre du cercle
OA est un rayon du cercle
BC est un diamètre du cercle

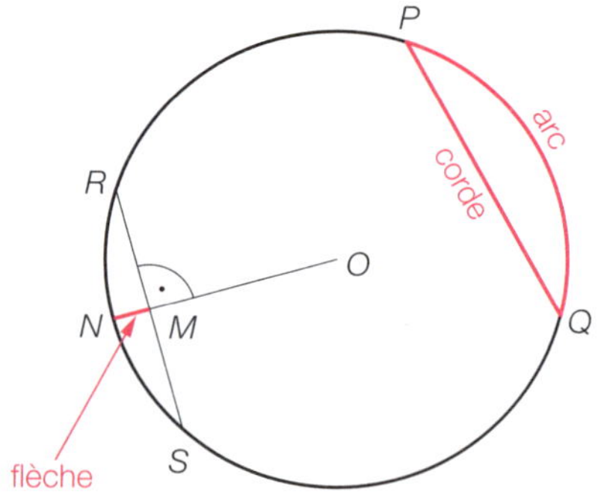

PQ est une corde du cercle
$\overset{\frown}{PQ}$ est un arc du cercle
MN est la flèche du cercle relativement à la corde *RS*

Périmètre et aire d'un disque (p. 124)

Construction du centre d'un cercle

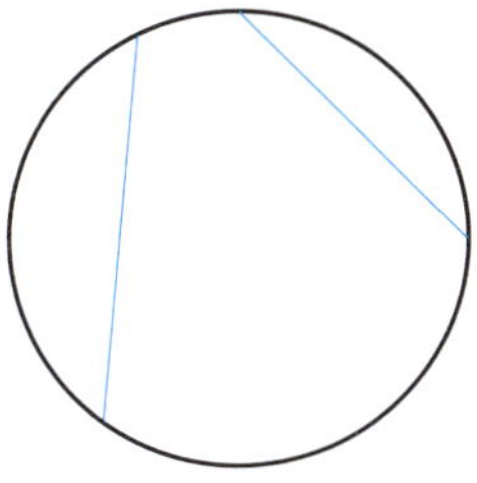

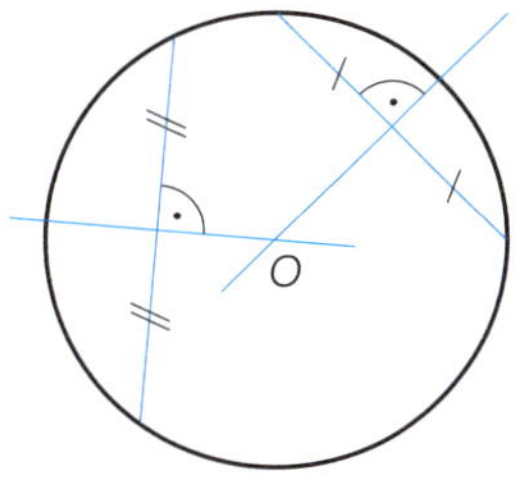

Il existe d'autres méthodes pour construire le centre d'un cercle.

1 Tracer deux cordes quelconques de ce cercle.

2 Construire la médiatrice de chaque corde. Le centre du cercle est l'intersection de ces médiatrices.

Médiatrice d'un segment (p. 95)

Solides et espace

Polyèdre

Un polyèdre est un solide dont toutes les faces sont des polygones.

polyèdre
polus (grec) : beaucoup
hedra (grec) : siège, base
qui a plusieurs faces

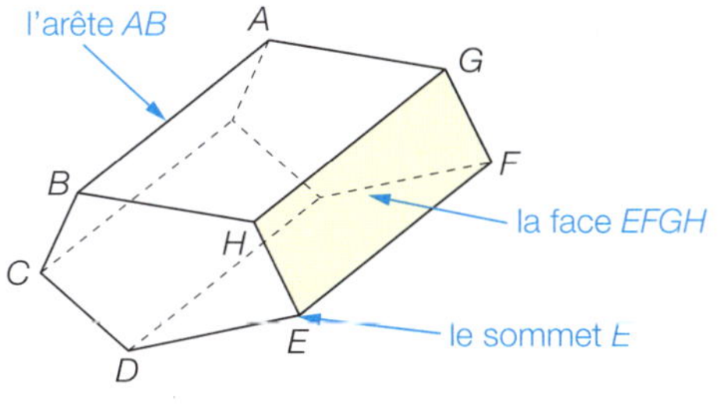

Polygone (p. 82)

Quelques polyèdres

prisme
prizein (grec) : scier
solide scié

tétraèdre
tetra (grec) : quatre

octaèdre
octa (grec) : huit
hedra (grec) : siège, base
polyèdre à huit faces

dodécaèdre
dodeca (grec) : douze

icosaèdre
eikosi (grec) : vingt

Nom	Figure	Définition	Remarque
Cube	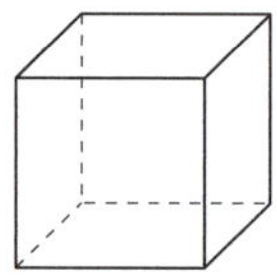	Polyèdre dont les six faces sont des carrés	Le cube est un parallélépipède rectangle particulier Le cube est un prisme droit particulier
Parallélépipède rectangle ou pavé droit	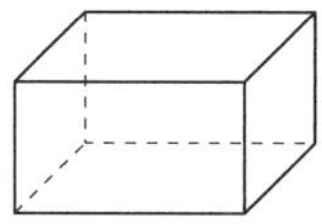	Polyèdre dont les six faces sont des rectangles	Le parallélépipède rectangle est un prisme droit particulier
Prisme	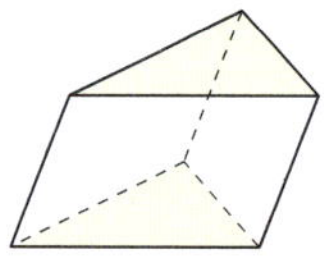	Polyèdre dont les deux bases sont des polygones isométriques et parallèles, et dont les faces latérales sont des parallélo-grammes	
Prisme droit	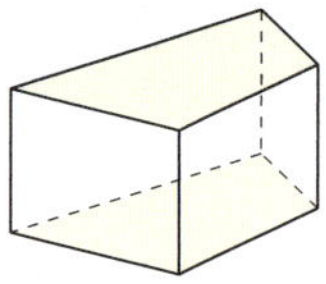	Prisme dont les faces latérales sont des rectangles	
Pyramide	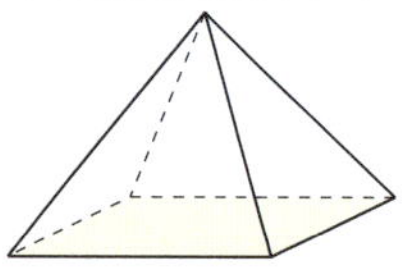	Polyèdre dont la base est un polygone et dont les faces latérales sont des triangles	Une pyramide est régulière si sa base est un polygone régulier et si ses faces sont des triangles isocèles
Tétraèdre régulier	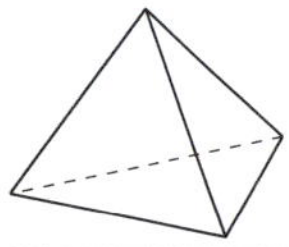	Polyèdre dont les quatre faces sont des triangles équilatéraux. C'est une pyramide particulière	
Octaèdre régulier	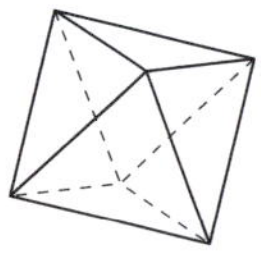	Polyèdre dont les huit faces sont des triangles équilatéraux	Un polyèdre est régulier si toutes ses faces sont des polygones réguliers et si chacun de ses sommets est l'intersection d'un même nombre d'arêtes Le cube et les quatre polyèdres ci-contre sont les seuls polyèdres réguliers convexes
Dodécaèdre régulier	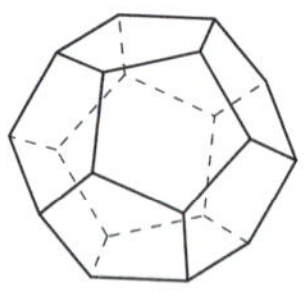	Polyèdre dont les douze faces sont des pentagones réguliers	
Icosaèdre régulier	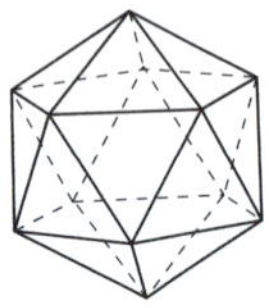	Polyèdre dont les vingt faces sont des triangles équilatéraux	

→ Polygone (p. 82), Triangles remarquables (p. 85), Quadrilatères remarquables (p. 88)

Polyèdre – relation d'Euler

Tout polyèdre convexe possédant s sommets, f faces et a arêtes vérifie la relation :

$$s + f - a = 2$$

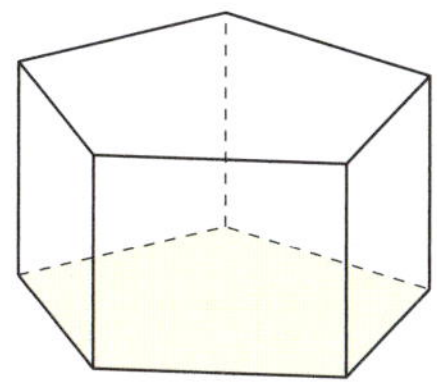

Prisme dont la base est un pentagone

$s = 10$
$f = 7$
$a = 15$

$s + f - a = 2$

Autres solides

cylindre droit

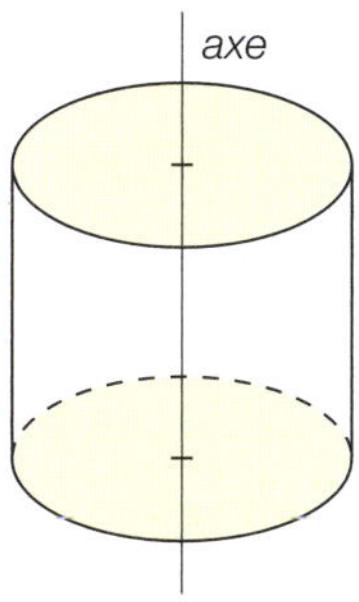

Ses bases sont des disques isométriques et parallèles. Après développement, sa surface latérale est un rectangle.

cône droit

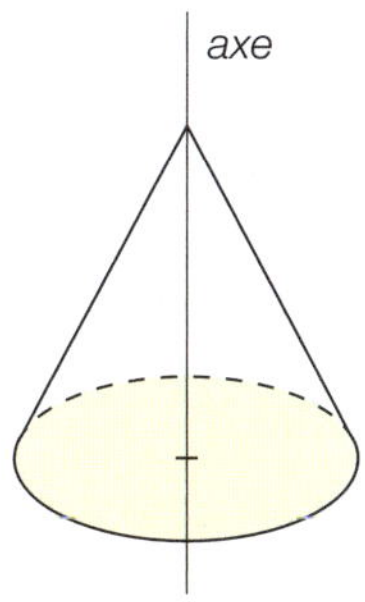

Sa base est un disque. Après développement, sa surface latérale est un secteur circulaire.

boule

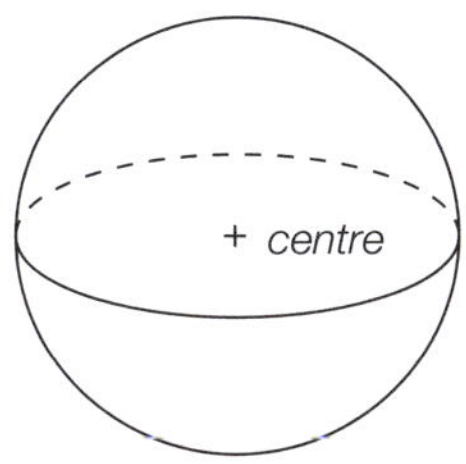

La boule est l'ensemble de tous les points de l'espace situés à une distance inférieure ou égale à une grandeur donnée, appelée rayon, d'un point de l'espace nommé centre.

cylindre
kulindros (grec) : le rouleau

sphère
sphaira (grec) : la balle, la sphère

On appelle sphère l'ensemble des points de l'espace situés à une distance fixe, appelé rayon, d'un point de l'espace donné appelé centre ; autrement dit, il s'agit de la surface externe de la boule.

→ Cercle et disque (p. 90), Longueur d'un arc de cercle et aire d'un secteur circulaire (p. 124)

Plan

Généralement, trois points de l'espace déterminent un plan.

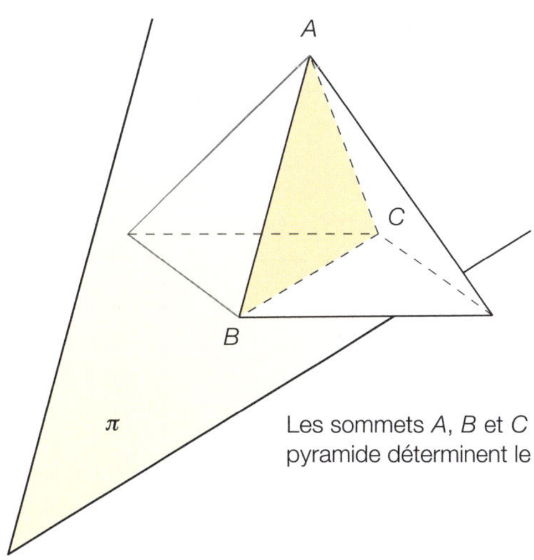

Les sommets A, B et C de cette pyramide déterminent le plan π

Plans parallèles

Deux plans sont parallèles s'ils n'ont aucun point commun.

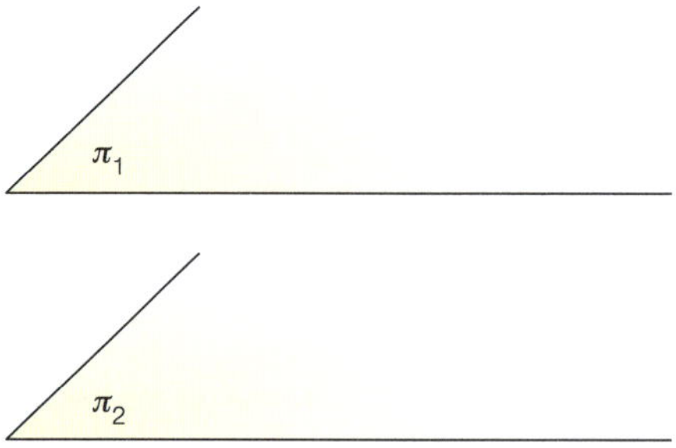

Cas particulier
Par convention, deux plans confondus sont aussi parallèles.

Plans perpendiculaires

Deux plans sont perpendiculaires si une droite perpendiculaire à l'un est parallèle à l'autre.

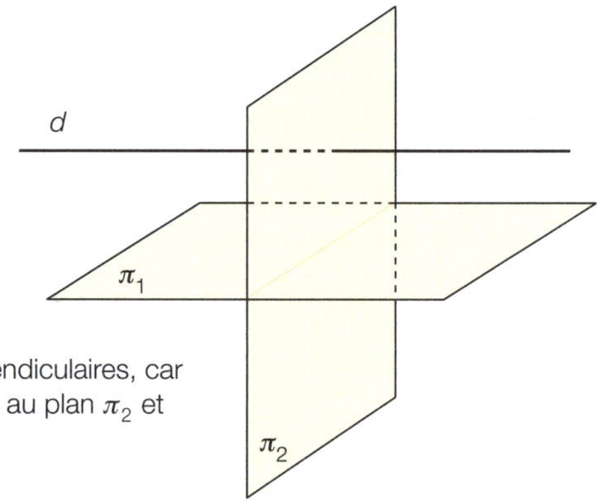

Les plans π_1 et π_2 sont perpendiculaires, car la droite *d* est perpendiculaire au plan π_2 et parallèle au plan π_1.

Droite parallèle à un plan

Une droite parallèle à un plan est une droite qui n'a aucun point commun avec ce plan.

Cas particulier
Par convention, une droite qui appartient à un plan est aussi parallèle à ce plan.

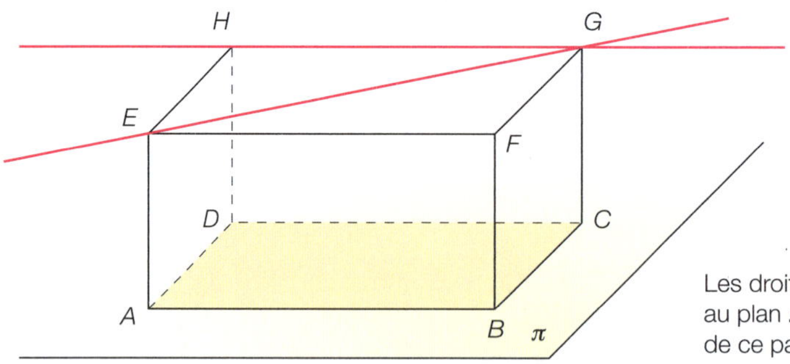

Les droites *GH* et *GE* sont parallèles au plan π, déterminé par la face *ABCD* de ce pavé droit.

Droites parallèles (p. 75)

Droite perpendiculaire à un plan

Une droite perpendiculaire à un plan est une droite qui est perpendiculaire à toutes les droites de ce plan qu'elle rencontre.

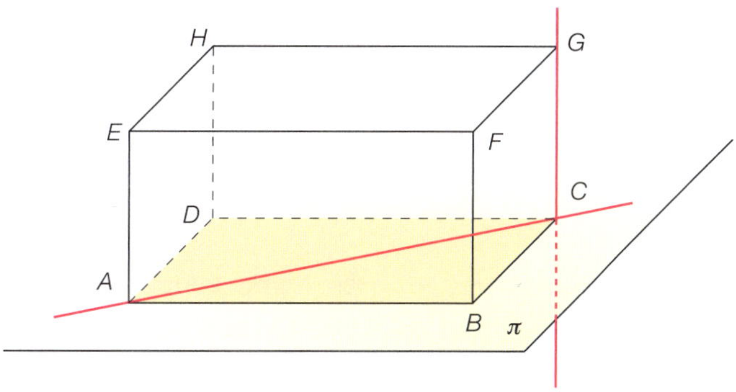

La droite *CG* est perpendiculaire au plan π, déterminé par la face *ABCD* de ce pavé droit.

→ Droites perpendiculaires (p. 74)

Constructions

Médiatrice d'un segment

La médiatrice du segment *AB* est la droite perpendiculaire au segment *AB* qui passe par *M*, point milieu de *AB*.

La médiatrice d'un segment est l'axe de symétrie de ce segment.

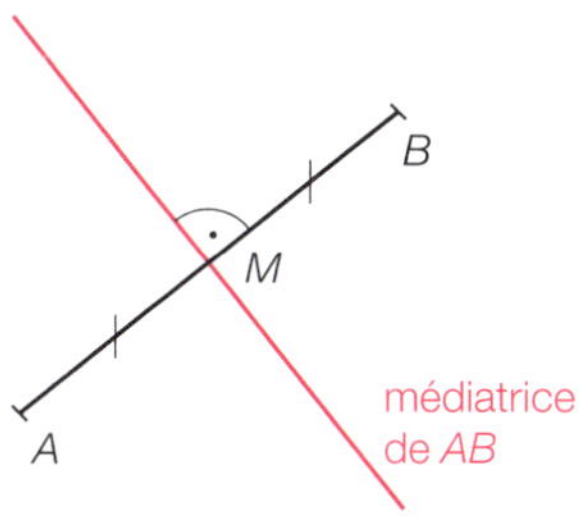

médiatrice
medius (latin) : qui est au milieu
mediatrix (latin) : qui se place entre

équidistant
aequus (latin) : égal
distantia (latin) : la distance, l'éloignement

La médiatrice d'un segment est l'ensemble des points équidistants des extrémités de ce segment.

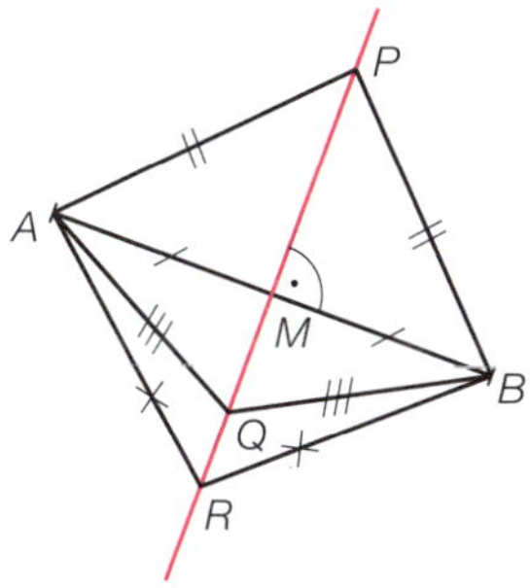

PA = *PB*
MA = *MB*
QA = *QB*
…

→ Lieu géométrique (p. 72), Droites remarquables d'un triangle (p. 97), Symétrie axiale (p. 104), Axe de symétrie (p. 105)

Construction de la médiatrice d'un segment

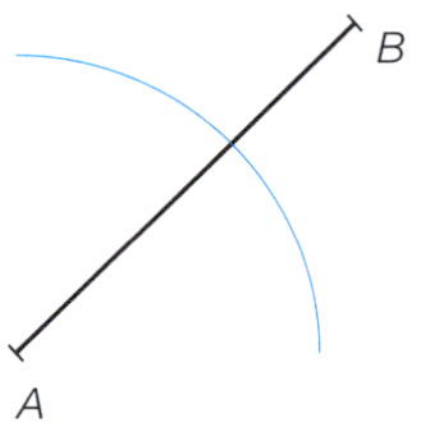

1 Tracer un arc de cercle de centre A dont le rayon est plus grand que la moitié de AB.

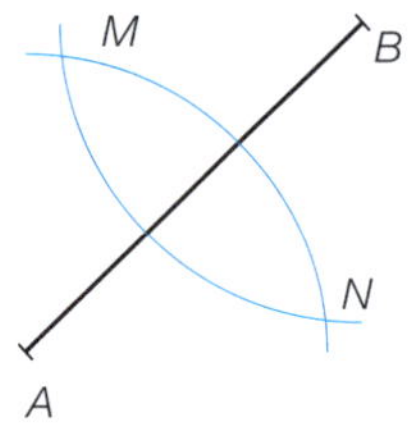

2 Garder le même rayon et tracer un arc de cercle de centre B : les deux arcs se coupent en M et N.

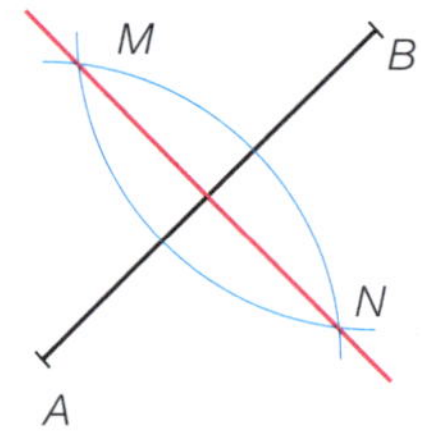

3 Tracer la droite qui passe par M et N. Cette droite est la médiatrice du segment AB.

Il existe d'autres méthodes pour construire la médiatrice d'un segment.

Bissectrice d'un angle

bissectrice
bis (latin) : deux fois
secare (latin) : couper

La bissectrice d'un angle est la droite qui le partage en deux angles isométriques.

La bissectrice d'un angle est l'axe de symétrie de cet angle.

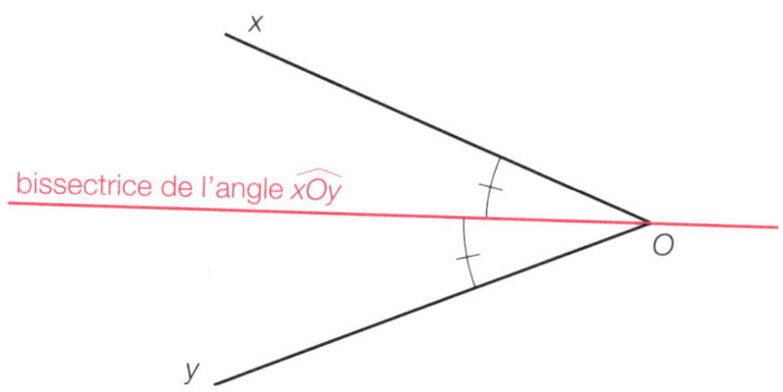

La bissectrice d'un angle est l'ensemble des points équidistants des côtés de l'angle.

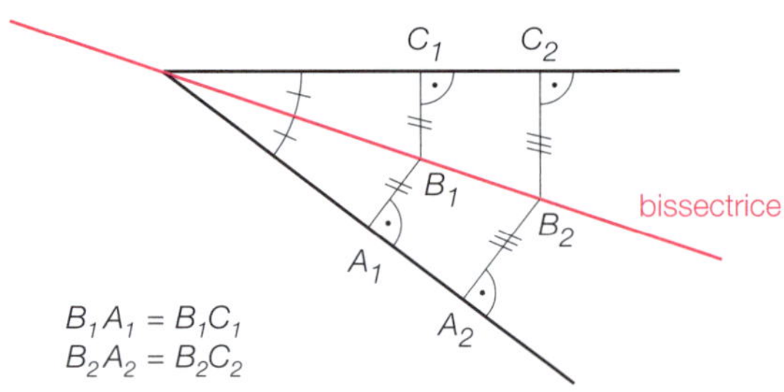

Lieu géométrique (p. 72), Distance d'un point à une droite (p. 71), Angle (p. 77), Symétrie axiale (p. 104), Axe de symétrie (p. 105)

ES

Construction de la bissectrice d'un angle

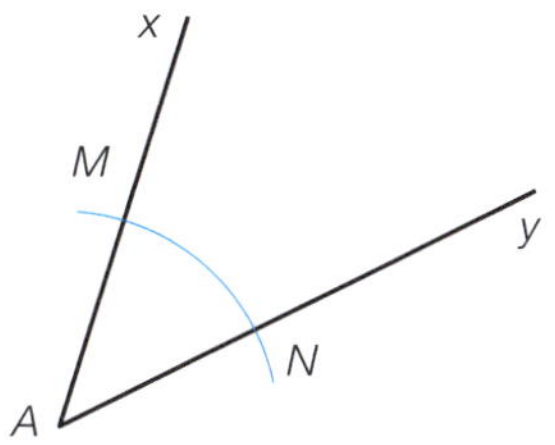

1 Tracer un arc de cercle de centre A : il coupe les côtés de l'angle $\widehat{xAy}$ aux points M et N.

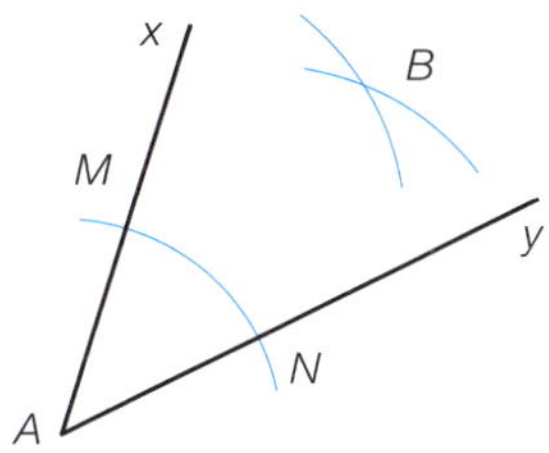

2 Tracer deux arcs de cercle de même rayon, l'un de centre M et l'autre de centre N. Ces deux arcs se coupent en B.

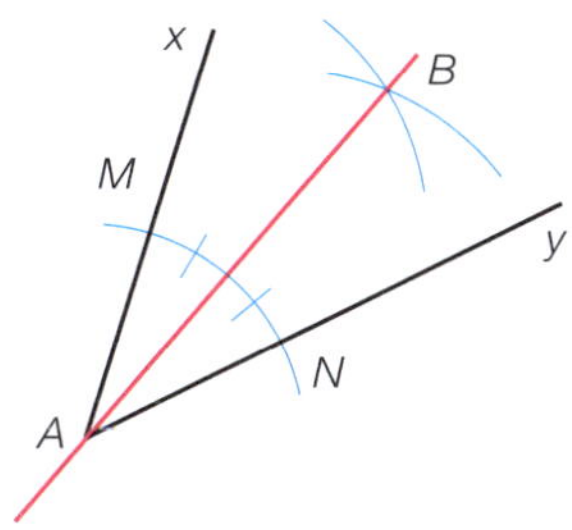

3 Tracer la droite qui passe par les points A et B. Cette droite est la bissectrice de l'angle $\widehat{xAy}$.

Il existe d'autres méthodes pour construire la bissectrice d'un angle.

ES

Droites remarquables d'un triangle

Les bissectrices

Les bissectrices des angles d'un triangle se coupent en un même point.

Ce point est le centre du cercle qui est tangent aux trois côtés du triangle.

Ce cercle est appelé le cercle inscrit dans le triangle ABC.

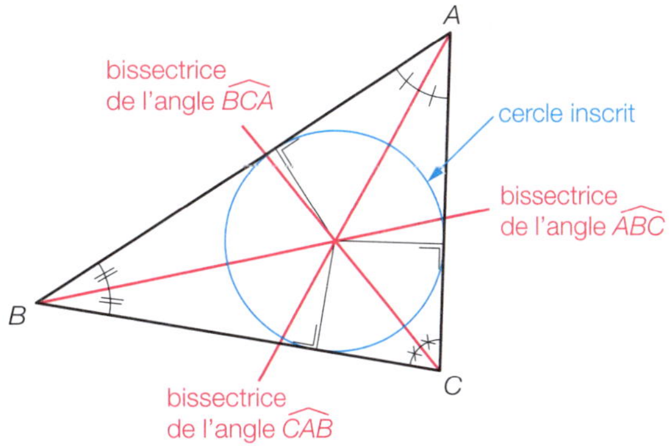

→

Les hauteurs

Une hauteur d'un triangle est une droite qui passe par un sommet et qui est perpendiculaire au côté opposé à ce sommet.

Les hauteurs d'un triangle se coupent en un même point.

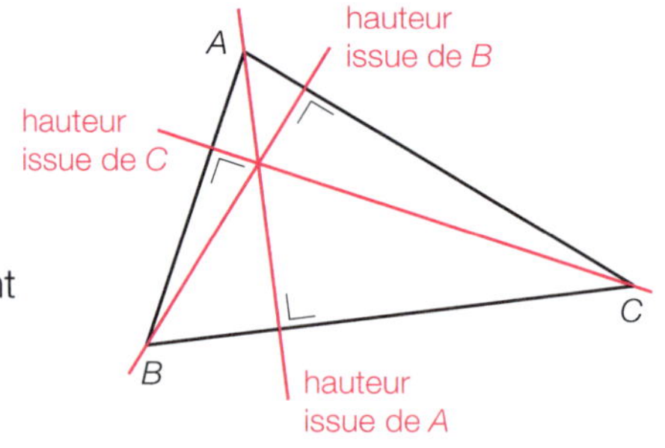

Attention!
Les hauteurs d'un triangle se coupent parfois à l'extérieur du triangle.

L'intersection des hauteurs est appelée l'orthocentre du triangle.

···➤ Périmètre et aire d'un triangle (p. 123)

Les médianes

Une médiane d'un triangle est une droite passant par un sommet et le milieu du côté opposé à ce sommet.

Les médianes d'un triangle se coupent en un même point.

Une médiane partage le triangle en deux triangles de même aire.

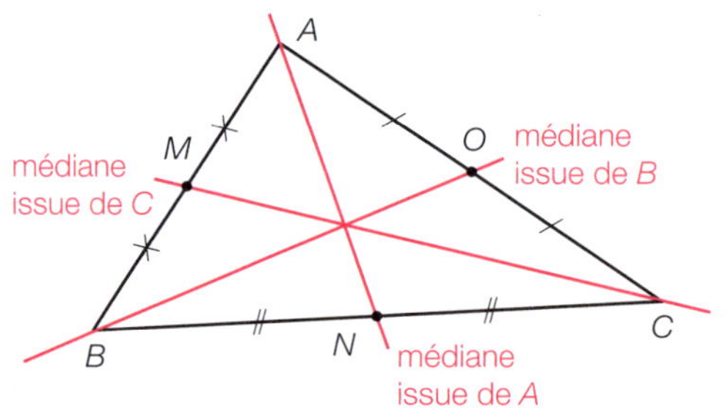

M, *N* et *O* sont respectivement les points milieux des côtés du triangle

L'intersection des médianes est appelée le centre de gravité du triangle.

Les médiatrices

Les médiatrices des côtés d'un triangle se coupent en un même point.

Ce point est le centre du cercle qui passe par les trois sommets du triangle.

Ce cercle est appelé le cercle circonscrit au triangle.

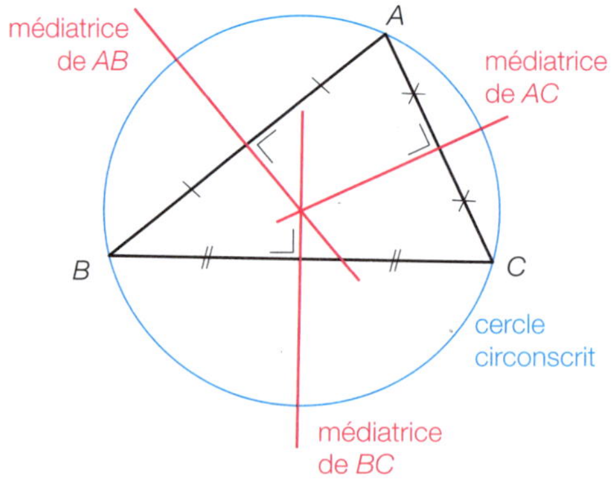

Attention!
Les médiatrices se coupent parfois à l'extérieur du triangle.

···➤ Médiatrice d'un segment (p. 95), Bissectrice d'un angle (p. 96), Tangente à un cercle (p. 100)

Cercle circonscrit à un triangle

Un cercle circonscrit à un triangle est un cercle passant par les trois sommets de ce triangle. Son centre est l'intersection des médiatrices des côtés du triangle.

circonscrit
circum (latin) : autour
scribere (latin) : écrire

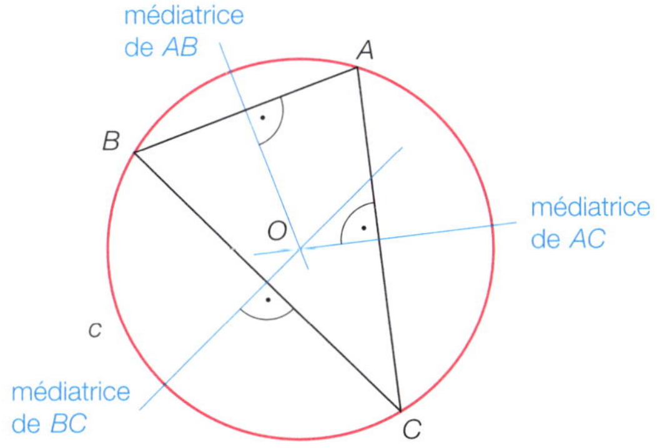

Cercle circonscrit au triangle *ABC*

Le plus souvent, un polygone à plus de trois côtés ne possède pas de cercle circonscrit.

⇢ Polygone régulier (p. 83), Médiatrice d'un segment (p. 95), Droites remarquables d'un triangle (p. 97)

Cercle inscrit dans un triangle

Un cercle inscrit dans un triangle est un cercle tangent aux trois côtés de ce triangle. Son centre est l'intersection des bissectrices des angles du triangle.

inscrit
in (latin) : dans, à l'intérieur
scribere (latin) : écrire

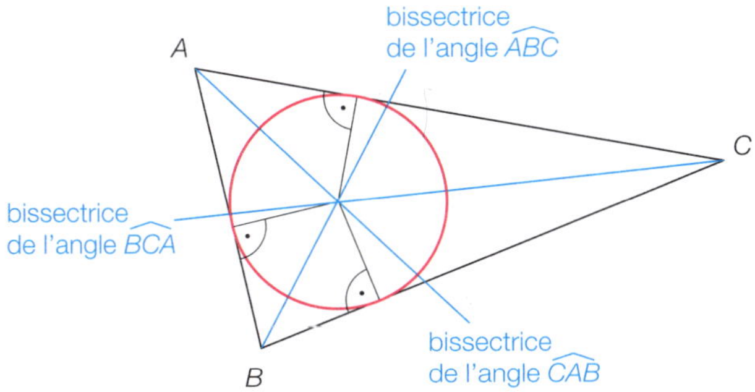

Cercle inscrit dans le triangle *ABC*

Le plus souvent, un polygone à plus de trois côtés ne possède pas de cercle inscrit.

⇢ Bissectrice d'un angle (p. 96), Droites remarquables d'un triangle (p. 97), Tangente à un cercle (p. 100)

Tangente à un cercle

Une tangente à un cercle est une droite qui a un seul point commun avec ce cercle.

Une tangente est perpendiculaire au rayon qui passe par le point de tangence.

tangente
tangere (latin) : toucher

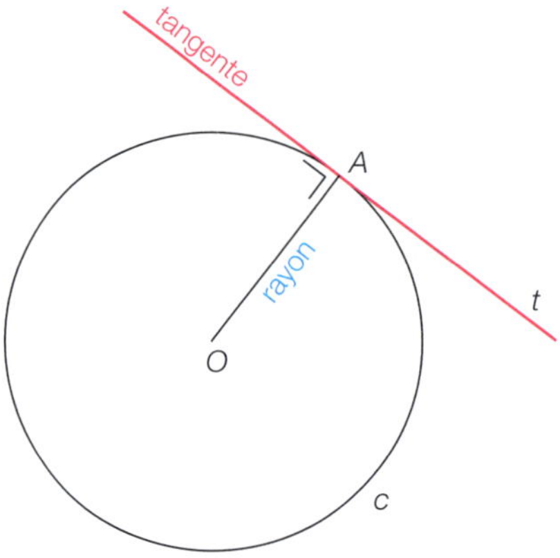

La droite *t* est la tangente en *A* au cercle *c*

Construction des tangentes à un cercle passant par un point situé à l'extérieur du cercle

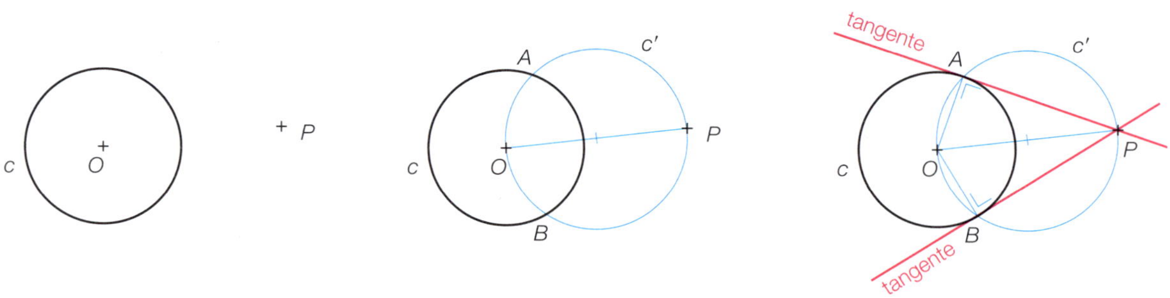

Les segments *PA* et *PB* sont isométriques

■ Construction des tangentes au cercle *c* passant par le point *P*.

1 Construire le cercle de Thalès du segment *OP*. Les cercles *c* et *c′* se coupent en *A* et *B*.

2 Tracer les droites *AP* et *BP*. Ce sont les tangentes au cercle *c* passant par le point *P*.

Il existe d'autres méthodes pour construire les tangentes à un cercle.

→ Cercle de Thalès d'un segment (p. 80), Médiatrice d'un segment (p. 95)

Transformations géométriques

Transformations du plan

Il existe de multiples transformations. Quelques exemples:

Un agrandissement…
ou une réduction

Une isométrie, ici une
symétrie axiale

Une « déformation »

Isométries

Une isométrie est une transformation telle qu'une figure et son image ont la même forme et les mêmes dimensions: elles sont donc superposables. La translation, la rotation, la symétrie centrale et la symétrie axiale sont des isométries.

isométrie
isos (grec): même
metron (grec): mesure
transformation qui conserve les mesures

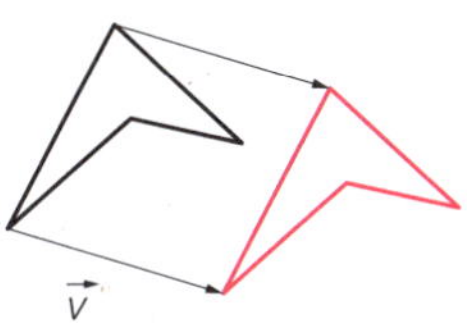

translation de vecteur $\vec{v}$

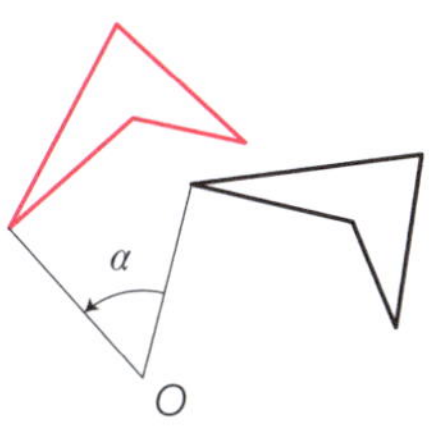

rotation $\mathcal{R}\,(O\,;\,\alpha)$

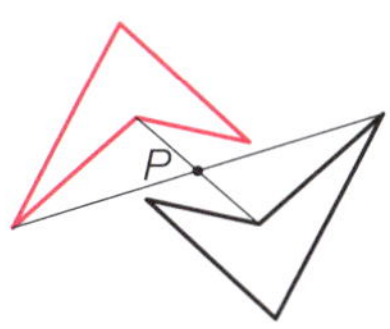

symétrie centrale $S\,(P)$

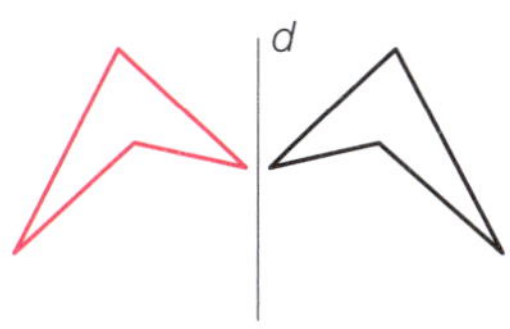

symétrie axiale $S\,(d)$

⋯› Translation (p. 103), Symétrie axiale (p. 104), Symétrie centrale (p. 106), Rotation (p. 108)

Homothéties

Une homothétie est une transformation qui conserve les formes et les directions, mais, en général, pas les longueurs.

L'image d'une figure par une homothétie est un agrandissement ou une réduction de cette figure.

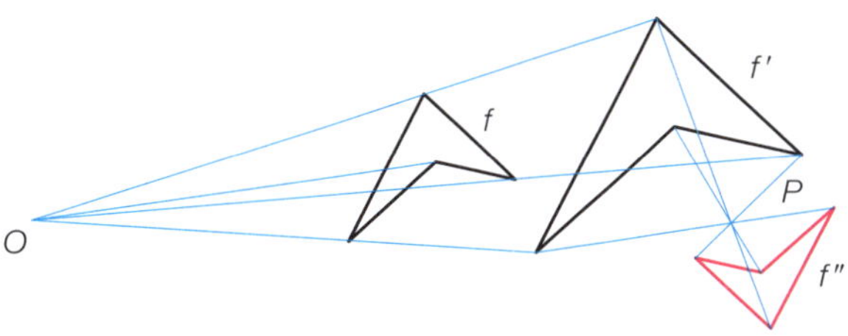

f' est l'image de f par une homothétie de centre O
f'' est l'image de f' par une homothétie de centre P

⋯› Homothétie (p. 109)

Similitudes

Une similitude est une transformation telle qu'une figure et son image ont la même forme, mais pas nécessairement les mêmes dimensions.

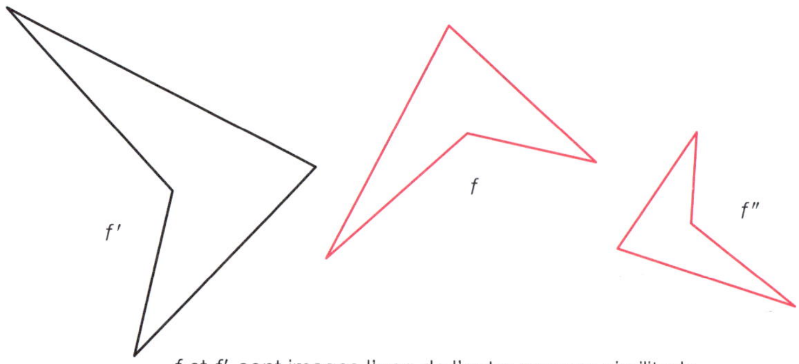

f et *f'* sont images l'une de l'autre par une similitude
f et *f''* sont images l'une de l'autre par une autre similitude

⇢ Similitude (p. 112)

Propriétés des transformations du plan

Une transformation conserve:

- les longueurs, si chaque segment a pour image un segment de même longueur.

  Par exemple, un agrandissement ne conserve pas les longueurs: $AB \neq A'B'$, $BC \neq B'C'$, …

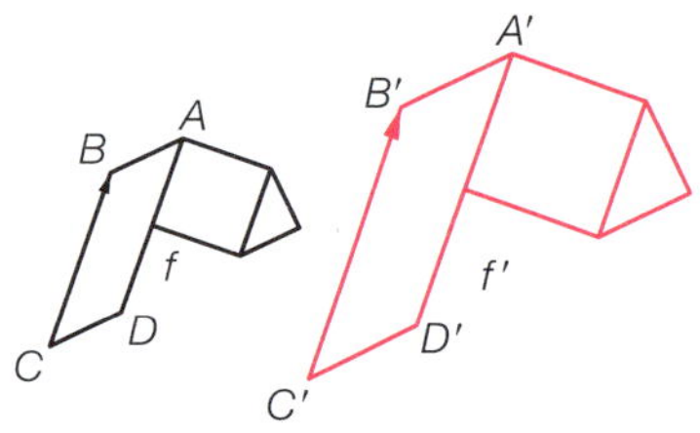

- les mesures des angles, si chaque angle a pour image un angle de même mesure.

  Par exemple, la transformation ci-dessous ne conserve pas les mesures des angles: $\widehat{ABC} \neq \widehat{A'B'C'}$, $\widehat{BCD} \neq \widehat{B'C'D'}$, …

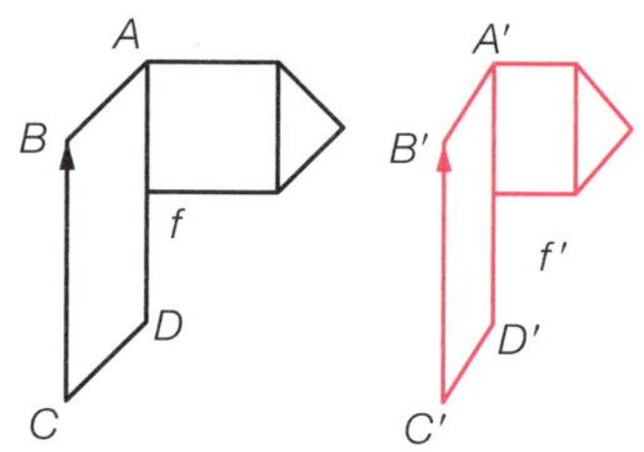

- le parallélisme, si chaque paire de droites ou de segments parallèles a pour image une paire de droites ou segments parallèles.

  Par exemple, la transformation ci-dessous ne conserve pas le parallélisme: *ABCD* est un carré, mais *A'B'C'D'* n'en est pas un.

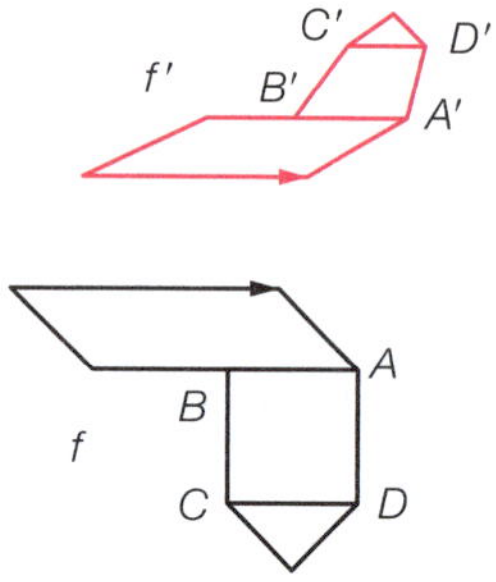

- l'orientation, si chaque figure présente la même « face » que son image.

  Par exemple, une symétrie axiale ne conserve pas l'orientation: on lit les lettres *ABCD* et *A'B'C'D'* en tournant dans des sens différents.

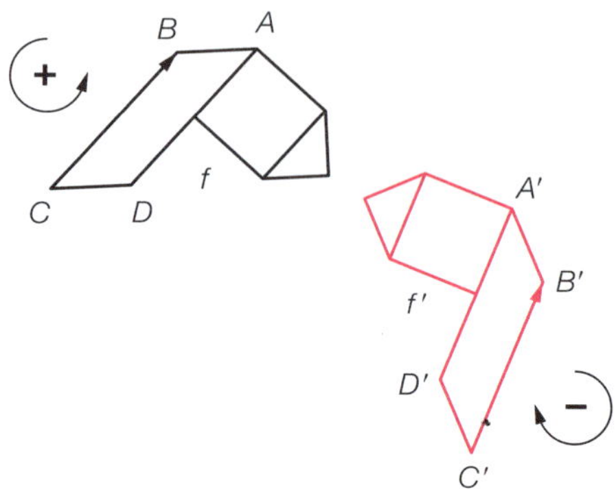

→

- les directions, si chaque droite a pour image une droite qui lui est parallèle.

Par exemple, une rotation d'angle différent de 180° ou 360° ne conserve pas les directions : les droites AB et $A'B'$ ne sont pas parallèles, …

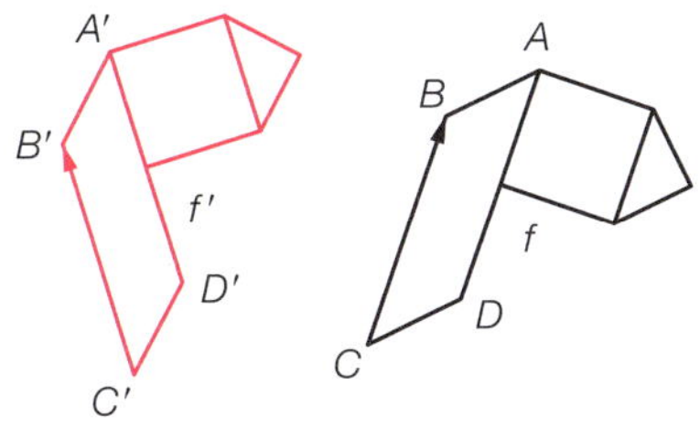

- le sens des vecteurs, si chaque vecteur a la même direction et le même sens que son image.

Par exemple, une symétrie centrale ne conserve pas le sens des vecteurs : les vecteurs $\overrightarrow{CB}$ et $\overrightarrow{C'B'}$ n'ont pas le même sens, …

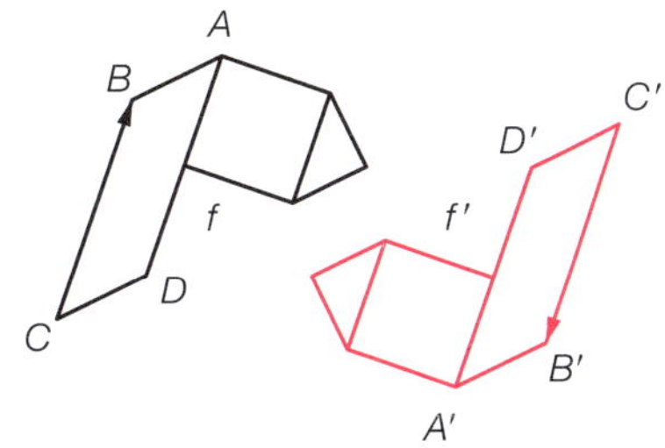

Propriétés des isométries et des homothéties du plan

Transformation \ Conservation	Longueurs	Mesure des angles	Parallélisme	Orientation	Directions	Sens des vecteurs
translation	oui	oui	oui	oui	oui	oui
rotation	oui	oui	oui	oui	non[1]	non[2]
symétrie centrale	oui	oui	oui	oui	oui	non
symétrie axiale	oui	oui	oui	non	non[3]	non[4]
homothétie de rapport positif	non[5]	oui	oui	oui	oui	oui
homothétie de rapport négatif	non[6]	oui	oui	oui	oui	non

[1] sauf si l'angle mesure 180° ou 360°
[2] sauf si l'angle mesure 360°
[3] sauf pour les droites perpendiculaires ou parallèles à l'axe de symétrie
[4] sauf pour les vecteurs parallèles à l'axe de symétrie
[5] sauf si le rapport est 1
[6] sauf si le rapport est –1

Translation (p. 103), Symétrie axiale (p. 104), Symétrie centrale (p. 106), Rotation (p. 108), Homothétie (p. 109)

Translation

Le mouvement qui amène f en f' est une translation.

Déplacer une figure par une translation, c'est faire glisser cette figure, sans la faire tourner.

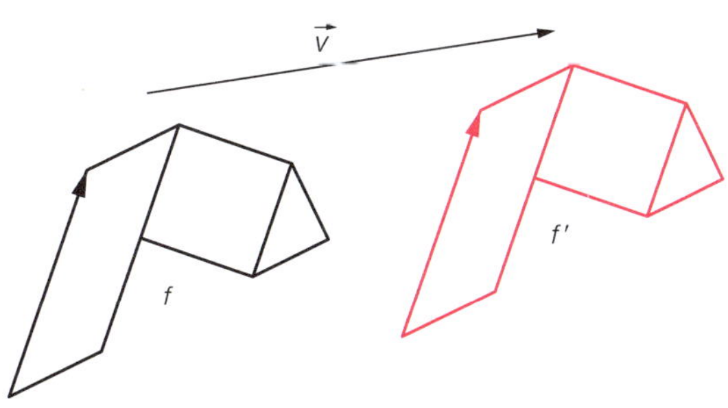

translation
translatus (latin) : porté au-delà
transferre (latin) : porter au-delà

Une translation porte sur tous les points du plan et pas seulement sur ceux dont on cherche l'image.

Du français…
« La figure f a pour image la figure f' par la translation de vecteur $\vec{v}$. »

… à l'écriture mathématique

$f \xrightarrow{\mathcal{T}(\vec{v})} f'$

Propriétés des isométries et des homothéties du plan (p. 103)

Construction de l'image d'une figure par une translation

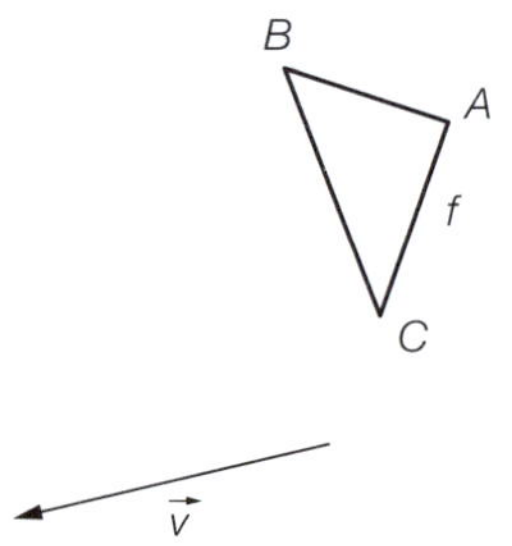

Construction de l'image de la figure *f* par la translation de vecteur $\vec{v}$.

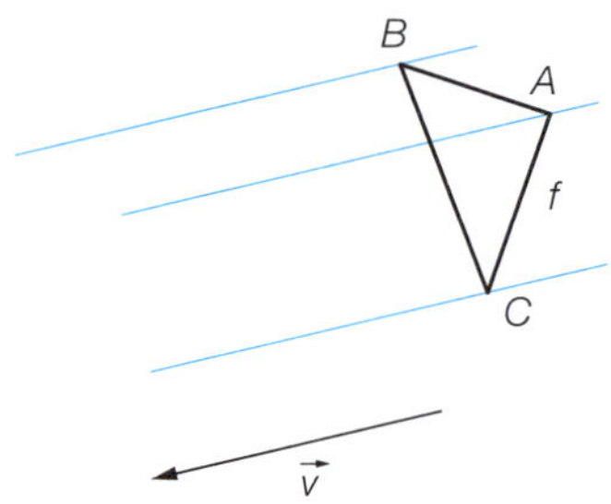

1 Tracer des parallèles au vecteur $\vec{v}$ passant par les sommets de *f*.

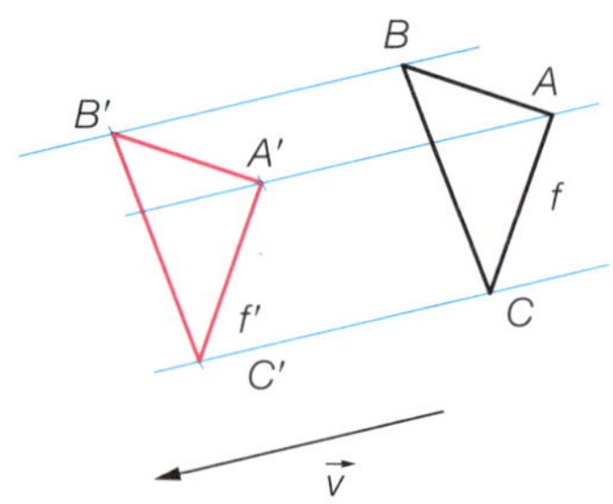

2 Construire les points *A′*, *B′* et *C′*, tels que les segments *AA′*, *BB′* et *CC′* soient isométriques au vecteur $\vec{v}$. Relier ensuite les points *A′*, *B′* et *C′*.

···› Droites parallèles (p. 75), Vecteur (p. 76)

Toutes les propriétés de la translation peuvent être utilisées pour construire l'image d'une figure. Il existe donc d'autres méthodes.

ES

Symétrie axiale

En pliant la feuille suivant la droite *d*, les figures *f* et *f′* se superposent.

Le mouvement qui amène *f* en *f′* est une symétrie axiale.

Dans l'espace, ce mouvement peut être réalisé par une rotation de 180° autour de l'axe *d*.

Une symétrie axiale porte sur tous les points du plan et pas seulement sur ceux dont on cherche l'image.

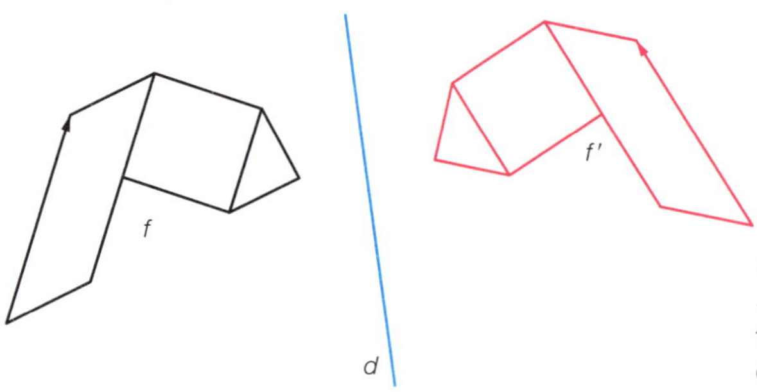

Du français…
« La figure *f* a pour image la figure *f′* par la symétrie d'axe *d*. »

… à l'écriture mathématique

$$f \xrightarrow{S(d)} f'$$

Les figures *f* et *f′* sont symétriques par rapport à la droite *d*.

La droite *d* est appelée axe de symétrie.

···› Propriétés des isométries et des homothéties du plan (p. 103)

Axe de symétrie

Une figure peut…

… avoir un axe de symétrie … avoir plusieurs axes de symétrie … ne pas avoir d'axe de symétrie

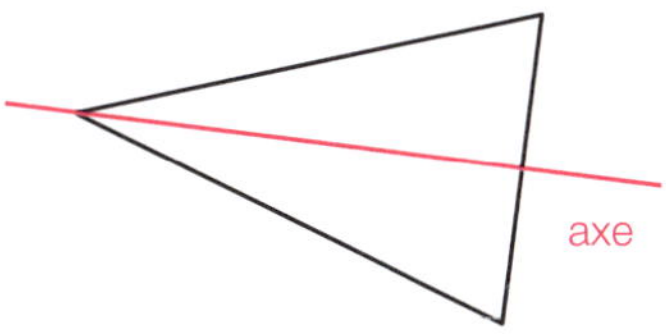

Triangle isocèle

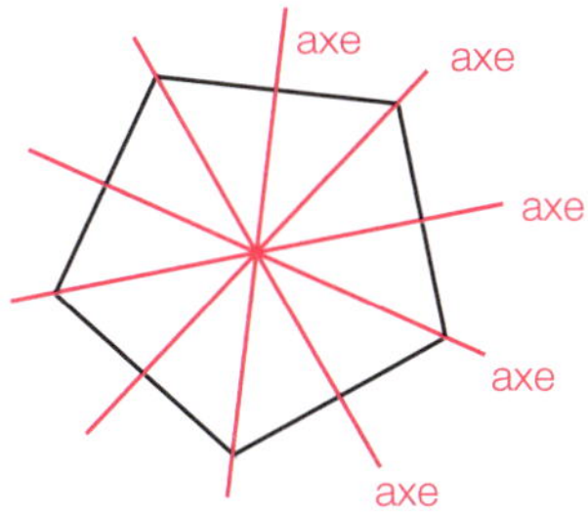

Pentagone régulier

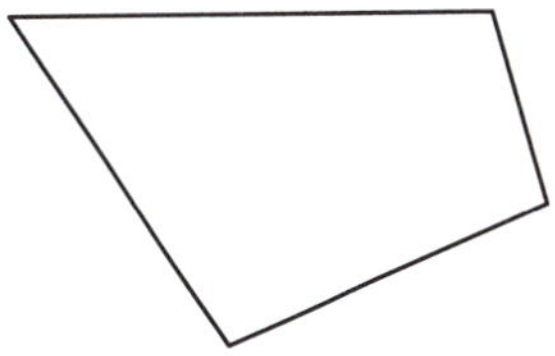
Quadrilatère quelconque

Médiatrice d'un segment (p. 95)

Construction de l'image d'une figure par une symétrie axiale

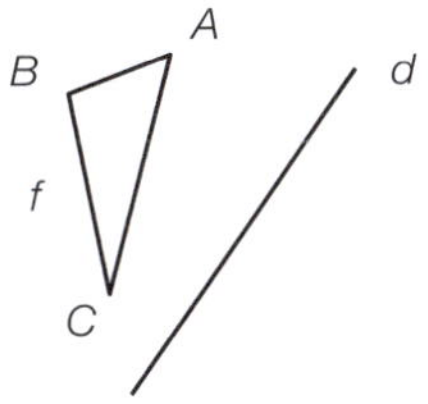

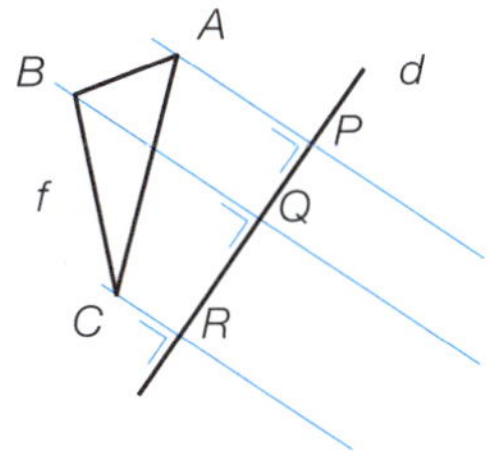

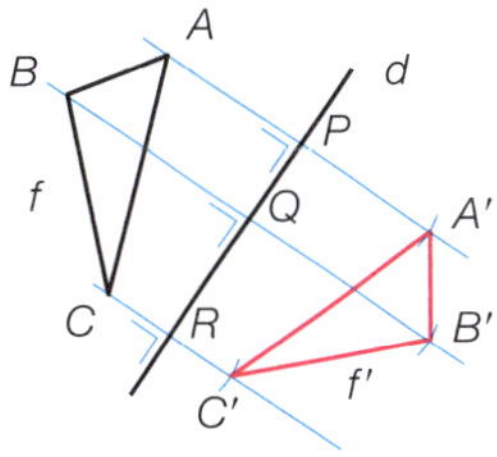

■ Construction de l'image de la figure *f* par la symétrie axiale d'axe *d*.

1 Tracer des perpendiculaires à la droite *d* passant par les sommets de *f*.

2 Construire les points A', B' et C' tels que:
$PA' = PA$
$QB' = QB$
$RC' = RC$.
Relier ensuite les points A', B' et C'.

> Toutes les propriétés de la symétrie axiale peuvent être utilisées pour construire l'image d'une figure. Il existe donc d'autres méthodes.

Droites perpendiculaires (p. 74), Médiatrice d'un segment (p. 95)

ES

Symétrie axiale – quelques observations

Les droites *AA'*, *BB'* et *CC'* (joignant deux points symétriques l'un de l'autre) sont parallèles.

Tous les points de l'axe de symétrie sont images d'eux-mêmes : ce sont des points fixes.

Une droite et son image se coupent sur l'axe de symétrie (sauf les parallèles à cet axe).

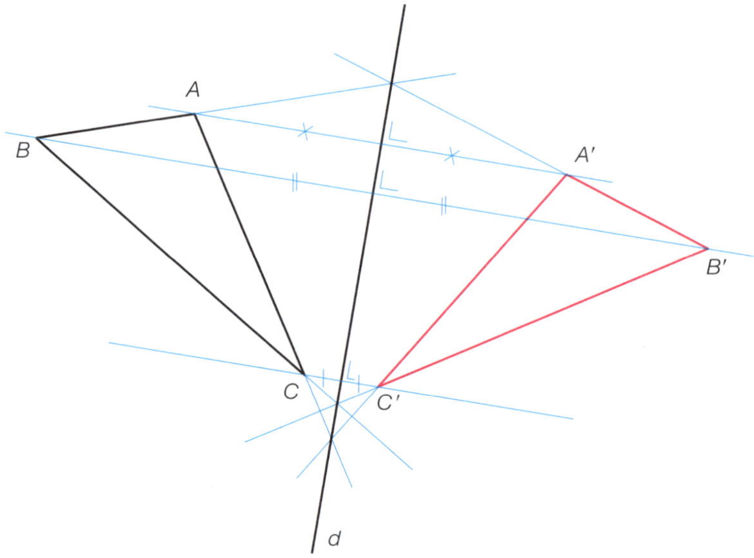

Droites parallèles (p. 75)

Symétrie centrale

Le mouvement qui amène *f* en *f'* est une symétrie centrale.

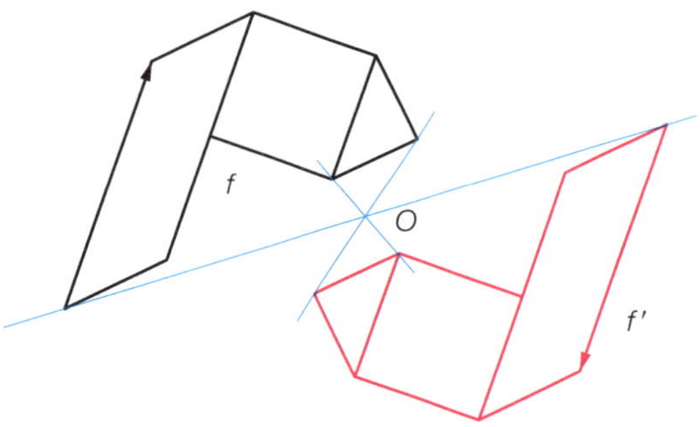

Une symétrie centrale est aussi une homothétie de rapport –1 et une rotation de 180°.

Une symétrie centrale porte sur tous les points du plan et pas seulement sur ceux dont on cherche l'image.

Du français…
« La figure *f* a pour image la figure *f'* par la symétrie de centre *O*. »

… à l'écriture mathématique

$f \xrightarrow{S(O)} f'$

Déplacer une figure par une symétrie de centre *O*, c'est faire tourner cette figure d'un demi-tour autour du point *O*.

Propriétés des isométries et des homothéties du plan (p. 103), Rotation (p. 108), Homothétie (p. 109)

Centre de symétrie

Une figure peut…

… avoir un centre de symétrie

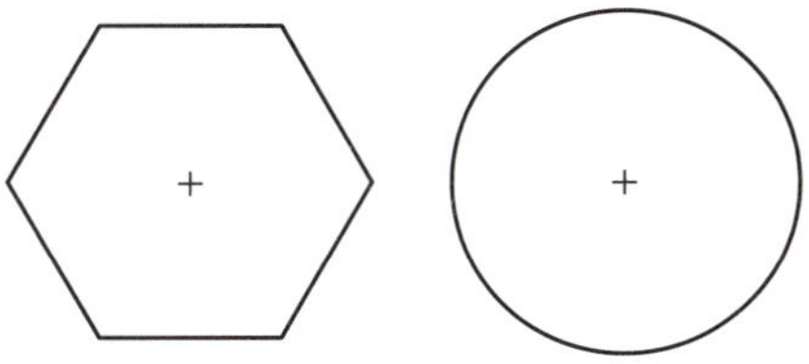

Hexagone régulier

Cercle

… ne pas avoir de centre de symétrie

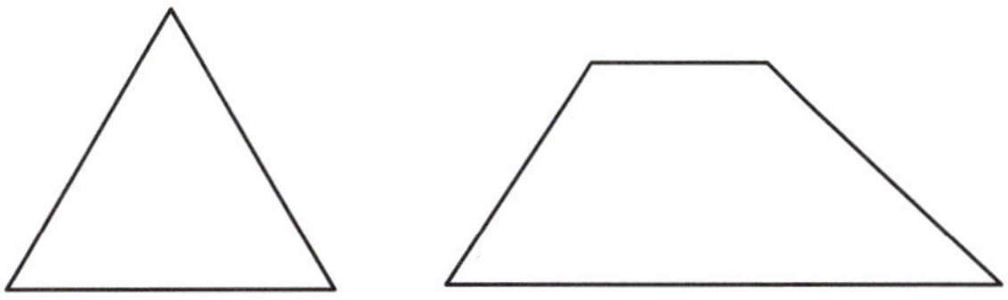

Triangle équilatéral

Trapèze

Construction de l'image d'une figure par une symétrie centrale

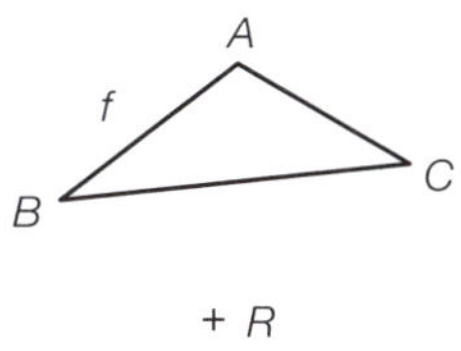

■ Construction de l'image de la figure *f* par la symétrie de centre *R*.

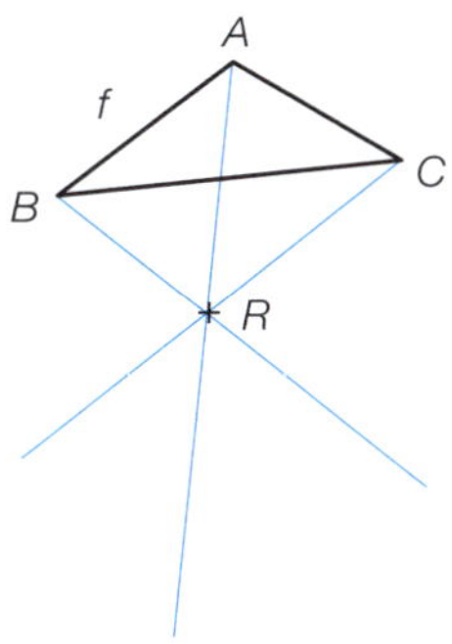

1 Tracer les droites passant par le point *R* et par chacun des sommets de *f*.

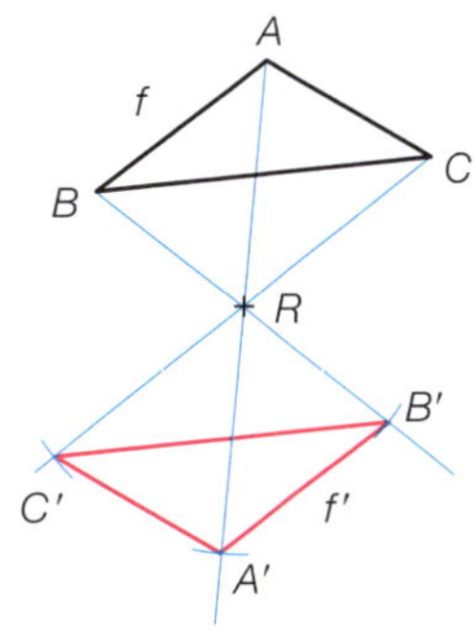

2 Construire le point *A'* tel que :
A, *R* et *A'* soient alignés ;
R soit entre *A* et *A'* ;
RA' = *RA*.
Faire de même pour *B'* et *C'*.
Relier ensuite les points *A'*, *B'* et *C'*.

Toutes les propriétés de la symétrie centrale peuvent être utilisées pour construire l'image d'une figure.
Il existe donc d'autres méthodes.

Rotation

Le mouvement qui amène *f* en *f'* est une rotation.

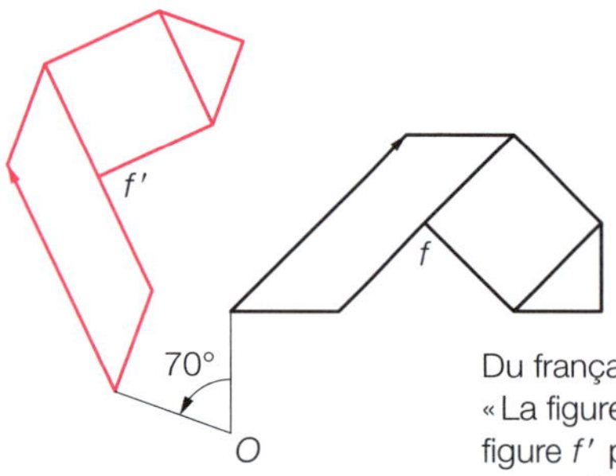

Du français…
« La figure *f* a pour image la figure *f'* par la rotation de centre *O* et d'angle +70°. »

… à l'écriture mathématique

$f \xrightarrow{\mathcal{R}(O\,;\,+70°)} f'$

rotation
rota (latin) : la roue
rotare (latin) : tourner comme une roue

Une rotation porte sur tous les points du plan et pas seulement sur ceux de la figure dont on cherche l'image.

Déplacer une figure par une rotation de centre *O*, c'est faire tourner cette figure autour du point *O*.

Le signe placé devant la mesure de l'angle indique le sens de rotation :

sens positif   sens négatif

→ Propriétés des isométries et des homothéties du plan (p. 103)

Construction de l'image d'une figure par une rotation

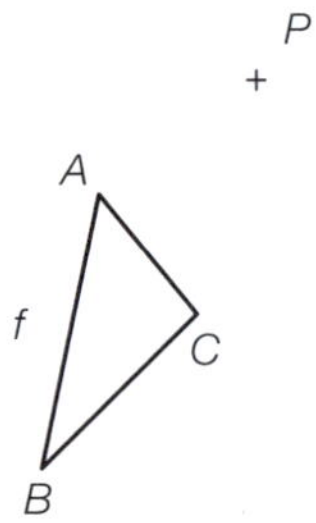

■ Construction de l'image de la figure *f* par la rotation de centre *P* et d'angle +60°.

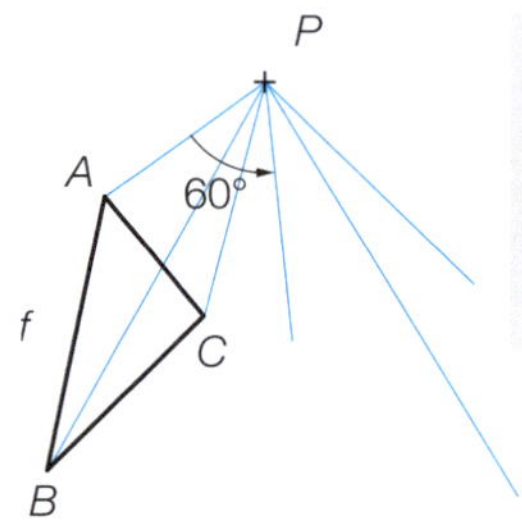

1 Construire des angles de 60°, de sommet *P* tels qu'un de leurs côtés passe par un sommet de *f* (attention au sens de rotation).

Toutes les propriétés de la rotation peuvent être utilisées pour construire l'image d'une figure. Il existe donc d'autres méthodes.

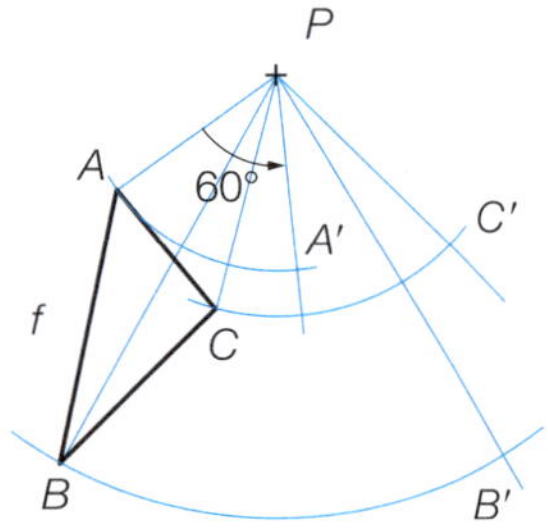

2 Construire les points *A'*, *B'* et *C'* tels que :

$PA = PA'$ et $\widehat{APA'} = 60°$

$PB = PB'$ et $\widehat{BPB'} = 60°$

$PC = PC'$ et $\widehat{CPC'} = 60°$

→ Angle (p. 77)

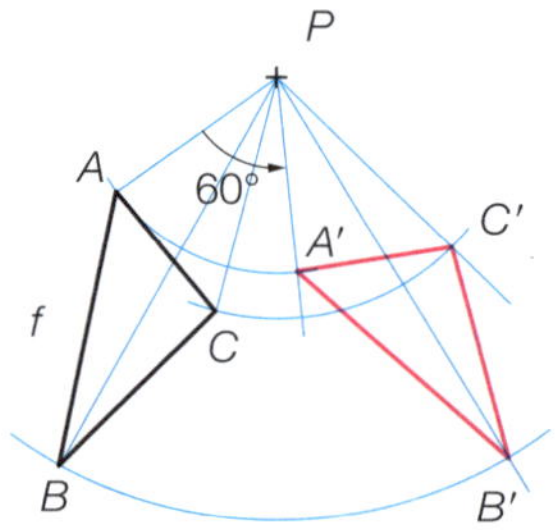

3 Relier ensuite les points *A'*, *B'* et *C'*.

Homothétie

Une homothétie est une transformation du plan qui conserve les directions et qui possède un seul point fixe appelé centre. L'homothétie de centre O et de rapport k est notée $\mathcal{H}(O\,;\,k)$.

On distingue quatre types d'homothéties :

homothétie
homos (grec) : même, semblable
thetos (grec) : posé en position semblable

Une homothétie porte sur tous les points du plan et pas seulement sur la figure dont on cherche l'image.

- L'agrandissement direct, caractérisé par :
  - une figure image plus grande que celle de départ ;
  - la conservation du sens des vecteurs.

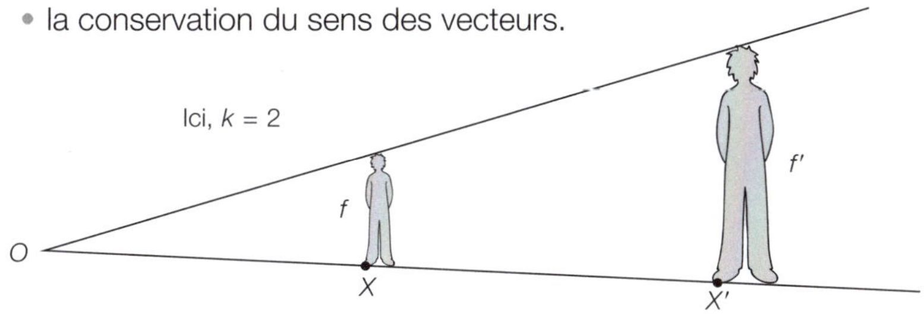

- La réduction directe, caractérisée par :
  - une figure image plus petite que celle de départ ;
  - la conservation du sens des vecteurs.

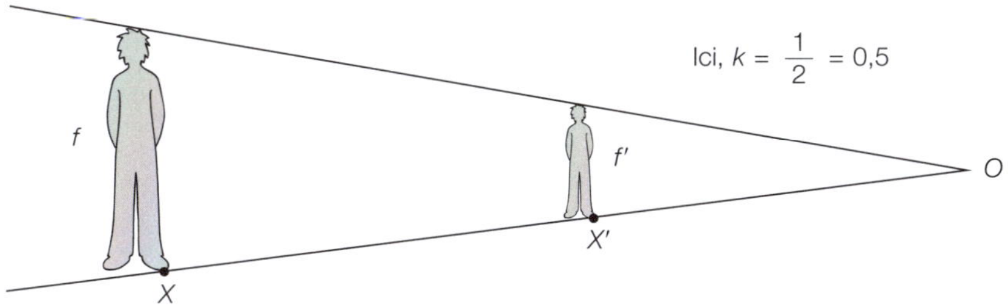

- L'agrandissement indirect, caractérisé par :
  - une figure image plus grande que celle de départ ;
  - le changement de sens des vecteurs.

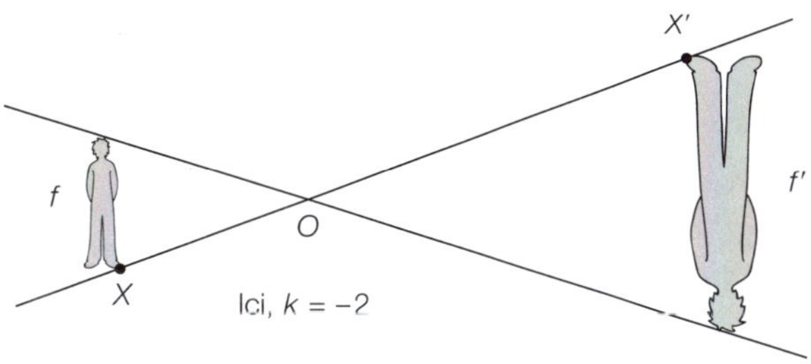

- La réduction indirecte, caractérisée par :
  - une figure image plus petite que celle de départ ;
  - le changement de sens des vecteurs.

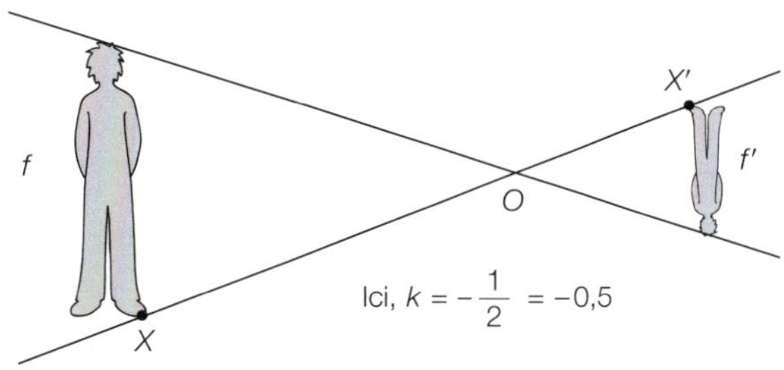

Vecteur (p. 76), Propriétés des transformations du plan (p. 102), Propriétés des isométries et des homothéties du plan (p.103)

Construction de l'image d'une figure par une homothétie

Lorsque le rapport d'homothétie est un nombre positif

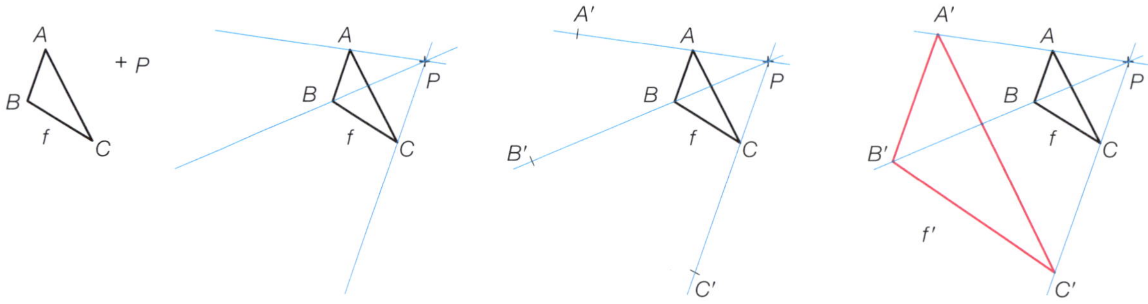

Construction de l'image de la figure f par l'homothétie de centre P et de rapport $+2{,}5$.

1 Tracer des droites passant par le point P et par chacun des sommets de f.

2 Construire le point A' tel que:
P, A et A' soient alignés;
A soit situé entre P et A';
$PA' = 2{,}5 \cdot PA$.
Faire de même pour les points B' et C'.

3 Relier ensuite les points A', B' et C'.

Toutes les propriétés de l'homothétie peuvent être utilisées pour construire l'image d'une figure. Il existe donc d'autres méthodes.

Lorsque le rapport d'homothétie est un nombre négatif

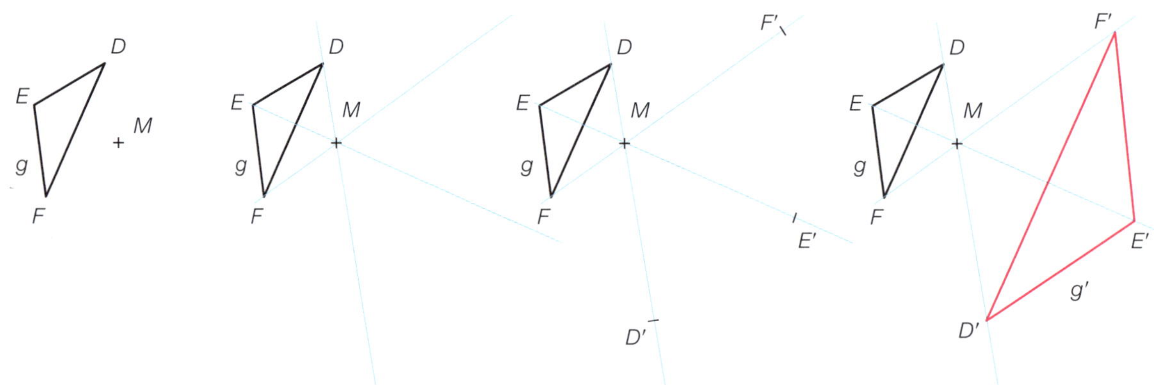

Construction de l'image de la figure g par l'homothétie de centre M et de rapport -2.

1 Tracer des droites passant par le point M et par chacun des sommets de g.

2 Construire le point D' tel que:
D, M et D' soient alignés;
M soit situé entre D et D';
$MD' = 2 \cdot MD$.
Faire de même pour les points E' et F'.

3 Relier ensuite les points D', E' et F'.

Homothétie – quelques observations

Les dimensions des triangles ABC et $A'B'C'$ sont proportionnelles :

Dimensions de ABC (en cm)	1,2	1,6	2
Dimensions de $A'B'C'$ (en cm)	1,8	2,4	3

$\cdot \frac{3}{2}$ $\cdot \frac{2}{3}$

Le rapport d'homothétie est un facteur de proportionnalité

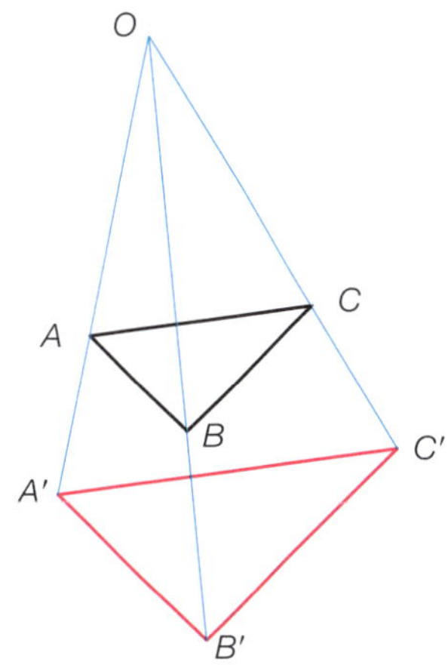

Le rapport d'homothétie est 1,5.

$$\frac{OA'}{OA} = \frac{OB'}{OB} = \frac{OC'}{OC} = \frac{A'B'}{AB} = \frac{A'C'}{AC} = \frac{B'C'}{BC} = \frac{3}{2} = 1,5$$

Proportionnalité (p. 41)

Rapport d'homothétie

Dans le cas d'une homothétie de centre O telle que l'image d'un point X est le point X' :

- la valeur absolue du rapport k d'homothétie est égale à $\frac{OX'}{OX}$;
- si les vecteurs $\overrightarrow{OX'}$ et $\overrightarrow{OX}$ ont le même sens, alors le rapport d'homothétie est positif ;
- si les vecteurs $\overrightarrow{OX'}$ et $\overrightarrow{OX}$ sont de sens contraire, alors le rapport d'homothétie est négatif.

ES

Selon la valeur du rapport d'homothétie, plusieurs cas peuvent se présenter :

Valeur de k	$k < -1$	$k = -1$	$-1 < k < 0$	$0 < k < 1$	$k = 1$	$k > 1$
Type d'homothétie	agrandissement indirect	symétrie centrale ou rotation de 180°	réduction indirecte	réduction directe	identité	agrandissement direct

Exemple

Si une figure f a pour image une figure f' par une homothétie de rapport k, alors

$$\frac{\text{Aire de } f'}{\text{Aire de } f} = k^2$$

$$\frac{\text{Aire de } f'}{\text{Aire de } f} = \frac{7,5 \cdot 5}{3 \cdot 2} = \frac{3 \cdot 2,5 \cdot 2 \cdot 2,5}{3 \cdot 2} = 2,5 \cdot 2,5 = 2,5^2$$

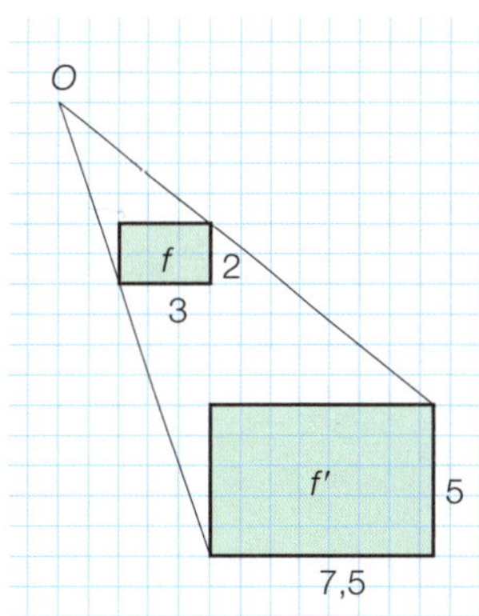

Valeur absolue (p. 13), Figures semblables (p. 113), Théorème de Thalès (p. 127)

Partage d'un segment en *n* parties isométriques

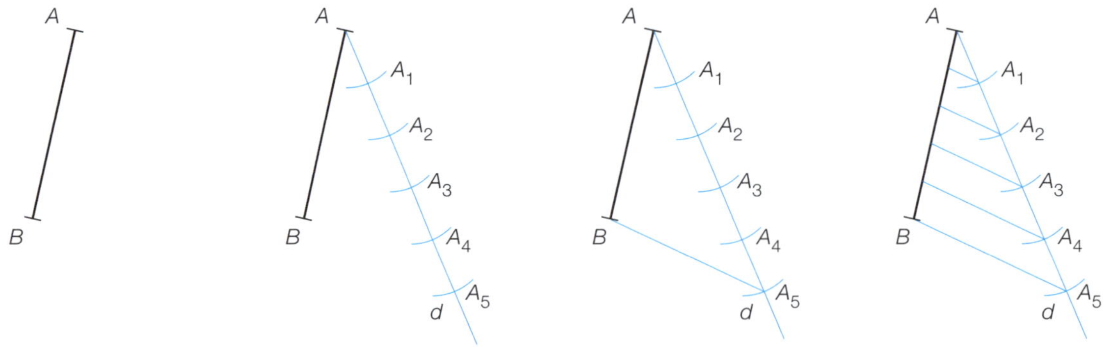

■ Partage du segment *AB* en cinq segments isométriques ($n = 5$).

1 Tracer une demi-droite *Ad*. Reporter sur *Ad* cinq segments isométriques de longueur quelconque.

2 Tracer le segment A_5B.

3 Tracer des parallèles à A_5B passant par les points A_4, A_3, A_2 et A_1.

Il existe d'autres méthodes pour partager un segment en *n* parties isométriques.

→ Homothétie (p. 109), Figures semblables (p. 113), Théorème de Thalès (p. 127)

Similitude

Une similitude est la composition d'isométries ou d'homothéties.

similitude
similis (latin) : semblable, même

Exemple

La figure *f* a pour image la figure *f″* par la rotation $\mathcal{R}(M\,;-150°)$ suivie de l'homothétie $\mathcal{H}(N\,;+2)$

Notation

$$f \xrightarrow{\mathcal{H}(N\,;\,+2)\ \circ\ \mathcal{R}(M\,;\,-150°)} f''$$

$\mathcal{H}(N\,;+2) \circ \mathcal{R}(M\,;-150°)$ signifie « $\mathcal{H}(N\,;+2)$ après $\mathcal{R}(M\,;-150°)$ »

On commence par $\mathcal{R}$ suivie de $\mathcal{H}$

La figure *f″* est l'image de la figure *f* par une similitude dont le rapport est :

$$\frac{A''B''}{AB} = \frac{B''C''}{BC} = \frac{C''D''}{CD} = \ldots = 2$$

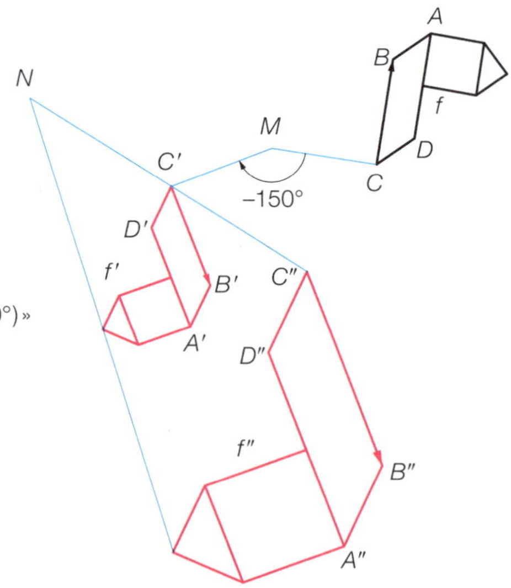

$$f \xrightarrow{\mathcal{R}(M\,;\,-150°)} f'$$

$$f' \xrightarrow{\mathcal{H}(N\,;\,+2)} f''$$

→

Une similitude est une transformation qui conserve la mesure des angles.

Une similitude est une transformation dans laquelle toutes les distances sont multipliées par un même nombre positif appelé rapport de similitude.

Par une similitude, une figure et son image ont la même forme, mais pas nécessairement les mêmes dimensions.

Une similitude porte sur tous les points du plan et pas seulement sur ceux de la figure dont on cherche l'image.

Par la composition de deux transformations du plan, chaque point du plan a pour image un point du plan.

La composition de deux transformations du plan est aussi une transformation du plan.

Proportionnalité (p. 41), Transformations du plan (p. 101), Homothétie (p. 109), Figures semblables (p. 113)

Figures semblables

Deux figures sont semblables si l'on obtient les dimensions de l'une en multipliant (ou en divisant) celles de l'autre par un même nombre positif non nul et si on conserve les angles.

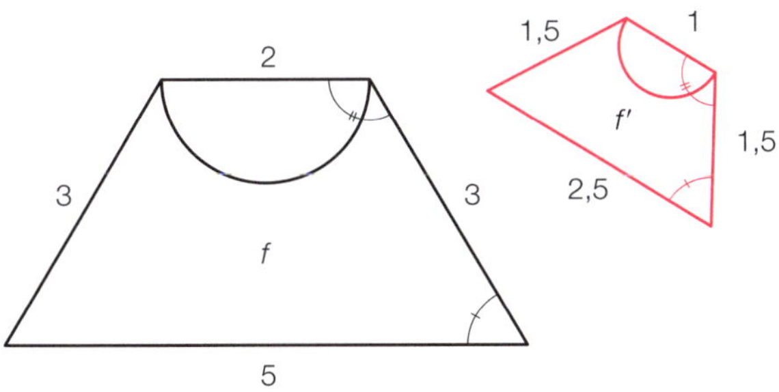

Les figures *f* et *f'* sont semblables

Dimensions de *f* (en cm)	2	3	5
Dimensions de *f'* (en cm)	1	1,5	2,5

Deux figures sont semblables si elles sont images l'une de l'autre par une similitude.

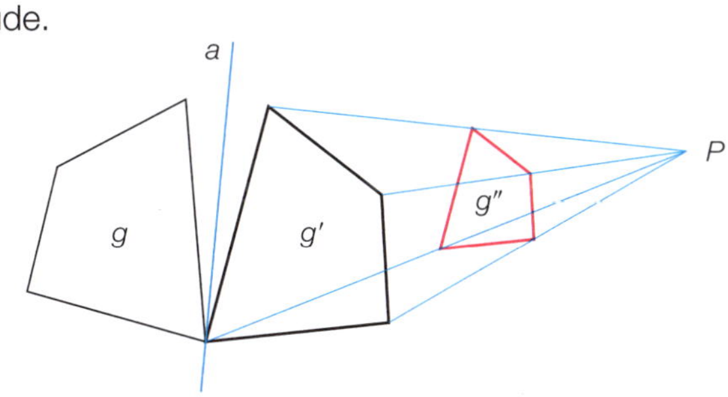

Les figures *g*, *g'* et *g''* sont semblables

$$g \xrightarrow{S(a)} g'$$

$$g' \xrightarrow{\mathcal{H}(P\,;\,0{,}5)} g''$$

Si deux figures sont semblables alors leurs dimensions sont proportionnelles.

En multipliant les dimensions de la figure *g* par 0,5 (ou en les divisant par 2), on obtient celles de la figure *g''*. Dans ce cas, le rapport de similitude est 0,5.

Proportionnalité (p. 41), Cas de similitude des triangles (p. 87), Homothétie (p. 109), Similitude (p. 112), Théorème de Thalès (p. 127)

ES

Grandeurs et mesures – GM

Unités de mesure

Unités de longueur

Unité	Symbole	
…		
kilomètre	km	1 km = 1 000 m = 10^3 m
hectomètre	hm	1 hm = 100 m = 10^2 m
décamètre	dam	1 dam = 10 m = 10^1 m
mètre	m	1 m = 1 m = 10^0 m
décimètre	dm	1 dm = 0,1 m = 10^{-1} m
centimètre	cm	1 cm = 0,01 m = 10^{-2} m
millimètre	mm	1 mm = 0,001 m = 10^{-3} m
…		

Il existe d'autres unités de longueur que celles du système métrique. Par exemple :

- le pouce : 2,54 cm
- le pied : 0,3048 m
- le mille marin : 1852 m
- l'année-lumière : ~10^{13} km

Unités d'aire

Unité	Symbole	
…		
kilomètre carré	km^2	1 km^2 = 1 000 000 m^2 = 10^6 m^2
hectomètre carré	hm^2	1 hm^2 = 10 000 m^2 = 10^4 m^2
décamètre carré	dam^2	1 dam^2 = 100 m^2 = 10^2 m^2
mètre carré	m^2	1 m^2 = 1 m^2 = 10^0 m^2
décimètre carré	dm^2	1 dm^2 = 0,01 m^2 = 10^{-2} m^2
centimètre carré	cm^2	1 cm^2 = 0,0001 m^2 = 10^{-4} m^2
millimètre carré	mm^2	1 mm^2 = 0,000 001 m^2 = 10^{-6} m^2
…		

Pour exprimer, par exemple, l'aire d'un terrain, d'une forêt, on utilise souvent les unités suivantes :

1 are (a) = 1 dam^2 = 100 m^2

1 hectare (ha) = 1 hm^2 = 10 000 m^2

Unités de volume

Unité	Symbole	
…		
kilomètre cube	km^3	1 km^3 = 1 000 000 000 m^3 = 10^9 m^3
hectomètre cube	hm^3	1 hm^3 = 1 000 000 m^3 = 10^6 m^3
décamètre cube	dam^3	1 dam^3 = 1 000 m^3 = 10^3 m^3
mètre cube	m^3	1 m^3 = 1 m^3 = 10^0 m^3
décimètre cube	dm^3	1 dm^3 = 0,001 m^3 = 10^{-3} m^3
centimètre cube	cm^3	1 cm^3 = 0,000 001 m^3 = 10^{-6} m^3
millimètre cube	mm^3	1 mm^3 = 0,000 000 001 m^3 = 10^{-9} m^3
…		

L'unité de volume pour le jaugeage des navires est le tonneau (2,83 m^3).

→

Pour exprimer le volume d'un liquide ou d'un gaz, on peut aussi utiliser les unités de capacité :

capacité
capax (latin) : qui peut contenir

Unité	Symbole	
...		
kilolitre	kl	1 kl = 1 000 l = 10^3 l
hectolitre	hl	1 hl = 100 l = 10^2 l
décalitre	dal	1 dal = 10 l = 10^1 l
litre	l	1 l = 1 l = 10^0 l
décilitre	dl	1 dl = 0,1 l = 10^{-1} l
centilitre	cl	1 cl = 0,01 l = 10^{-2} l
millilitre	ml	1 ml = 0,001 l = 10^{-3} l
...		

Un baril (~159 l) est une mesure de capacité pour les produits pétroliers.

Les égalités suivantes permettent de passer d'une catégorie d'unité à l'autre :

1 kl = 1 m^3 1 l = 1 dm^3 1 ml = 1 cm^3

Unités de masse

Unité	Symbole	
...		
kilogramme	kg	1 kg = 1 000 g = 10^3 g
hectogramme	hg	1 hg = 100 g = 10^2 g
décagramme	dag	1 dag = 10 g = 10^1 g
gramme	g	1 g = 1 g = 10^0 g
décigramme	dg	1 dg = 0,1 g = 10^{-1} g
centigramme	cg	1 cg = 0,01 g = 10^{-2} g
milligramme	mg	1 mg = 0,001 g = 10^{-3} g
...		

1 tonne (t) = 1000 kg
1 quintal (q) = 100 kg

Les Anglo-Saxons utilisent entre autres l'once (~28 g) et la livre (~454 g).

Unités de temps

La seconde (s), la minute (min), l'heure (h), le jour, ..., sont des unités de temps.

1 jour = 24 heures

1 heure = 60 minutes = 3600 secondes

1 minute = 60 secondes

Dans les calculs commerciaux, en Suisse :
1 année = 12 mois = 360 jours
1 mois = 30 jours

Périmètre et aire d'une surface

Périmètre et aire d'un polygone

Le périmètre d'un polygone est la somme des longueurs des côtés du polygone. C'est la mesure de son pourtour.

L'aire est la mesure de sa surface.

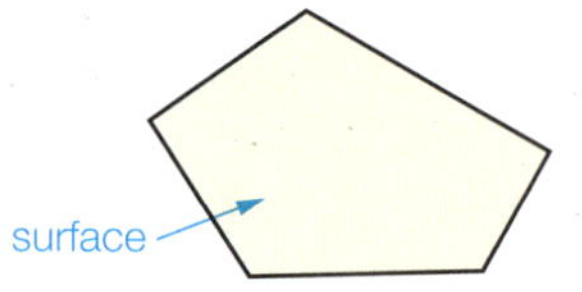

périmètre
peri (grec) : autour
metron (grec) : la mesure

Périmètre et aire d'un carré

$p = 4 \cdot c$
$A = c \cdot c = c^2$

c : mesure du côté

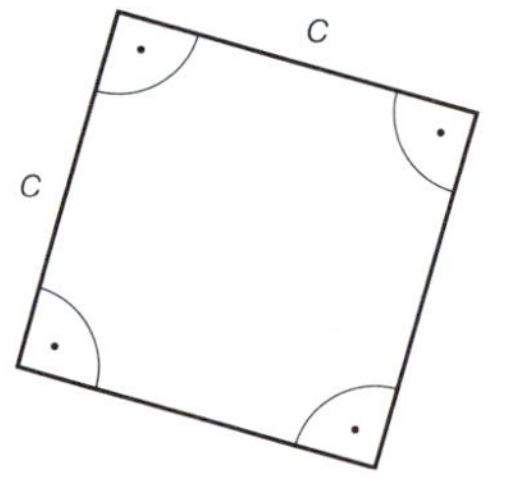

Exemple
Si $c = 3$

$p = 4 \cdot 3 = 12$

$A = 3 \cdot 3 = 3^2 = 9$

Périmètre et aire d'un rectangle

$p = 2 \cdot (b + h)$
$A = b \cdot h$

b : mesure d'une base
h : mesure de la hauteur correspondant à cette base

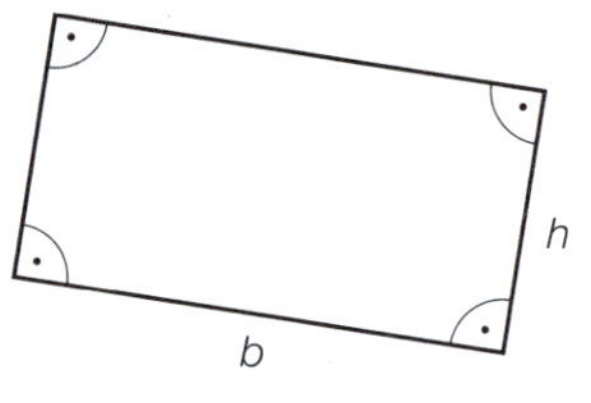

Exemple
Si $b = 7$ et $h = 3$

$p = 2 \cdot (7 + 3) = 2 \cdot 7 + 2 \cdot 3 = 20$

$A = 7 \cdot 3 = 21$

Périmètre et aire d'un losange

GM

$p = 4 \cdot c$

$A = \dfrac{D \cdot d}{2}$

c : mesure du côté
D : mesure de la grande diagonale
d : mesure de la petite diagonale

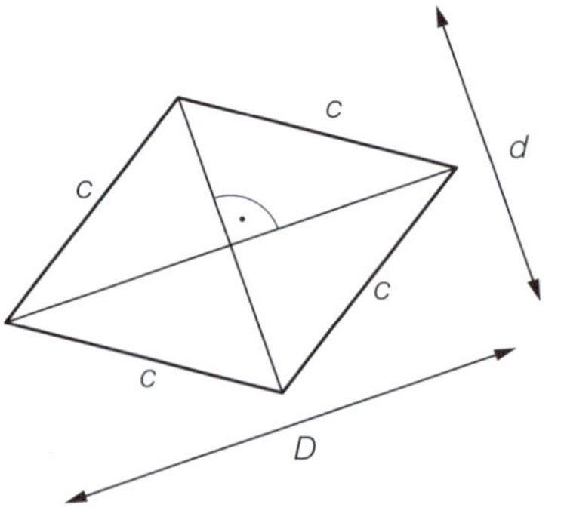

Exemple
Si $c = 5$, $d = 6$, $D = 8$

$p = 4 \cdot 5 = 20$

$A = \dfrac{8 \cdot 6}{2} = 24$

L'aire du losange peut aussi se calculer comme celle d'un parallélogramme.

Périmètre et aire d'un parallélogramme

$p = 2 \cdot (b_1 + b_2)$
$A = b_1 \cdot h_1 = b_2 \cdot h_2$

b_1 , b_2 : mesures des bases
h_1 , h_2 : mesures des hauteurs correspondantes

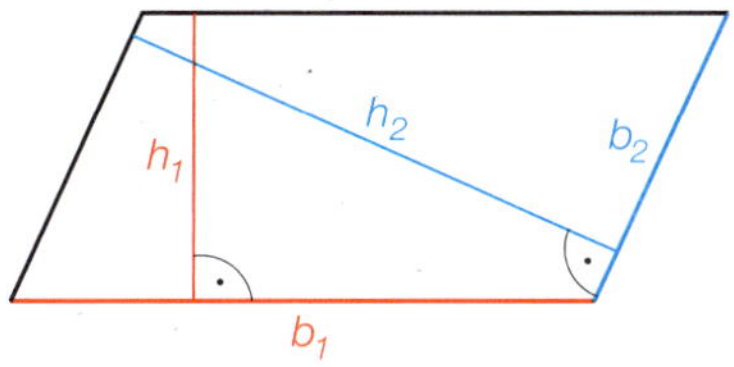

Attention!
La hauteur peut être à l'extérieur du parallélogramme.

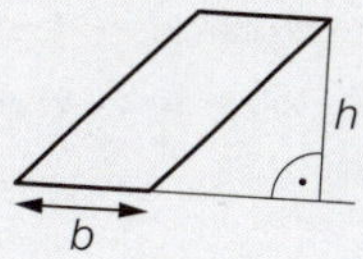

Exemple

Si $b_1 = 10$, $h_1 = 6$

$A = 10 \cdot 6 = 60$

Périmètre et aire d'un trapèze

$p = a + b + c + B$

$A = \frac{B + b}{2} \cdot h$

B: mesure de la grande base
b: mesure de la petite base
h: mesure de la hauteur

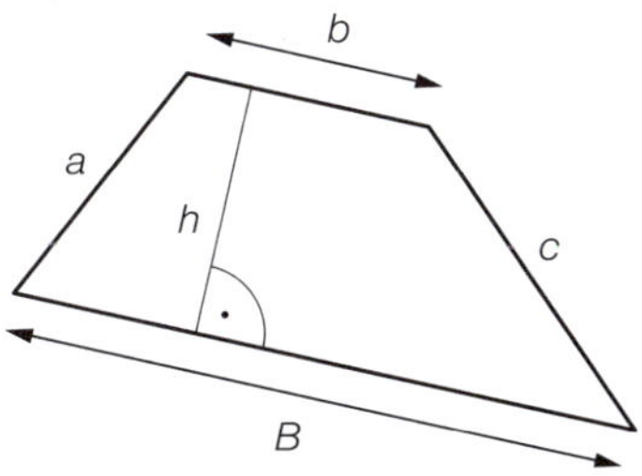

Exemple

Si $B = 12$, $b = 5$, $h = 4$

$A = \frac{12 + 5}{2} \cdot 4$
$= 8{,}5 \cdot 4 = 34$

Périmètre et aire d'un triangle

$p = b_1 + b_2 + b_3$

$A = \frac{b_1 \cdot h_1}{2} = \frac{b_2 \cdot h_2}{2} = \frac{b_3 \cdot h_3}{2}$

b_1 , b_2 , b_3: mesures des bases
h_1 , h_2 , h_3: mesures des hauteurs correspondantes

Attention!
La hauteur peut être à l'extérieur du triangle:

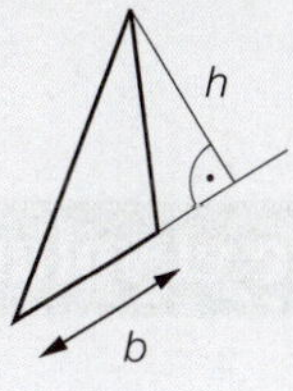

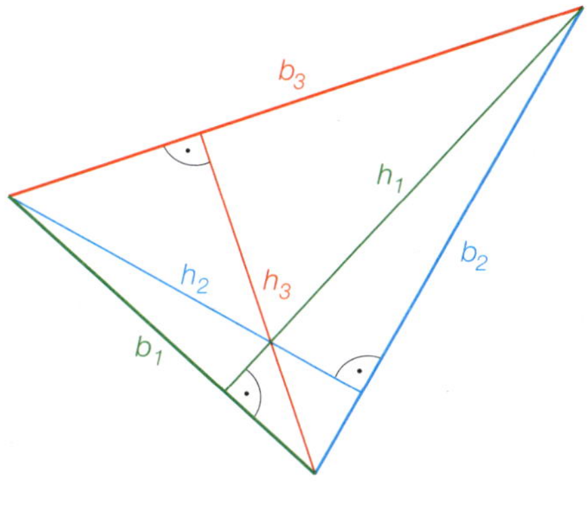

Exemple

Si $b_1 = 12$ et $h_1 = 7$

$A = \frac{12 \cdot 7}{2} = 42$

GM

Périmètre et aire d'un disque

$p = \pi \cdot d = 2 \cdot \pi \cdot r$
$A = \pi \cdot r^2$

d: diamètre du cercle
r: rayon du cercle
$\pi = 3{,}14159... \cong 3{,}14$

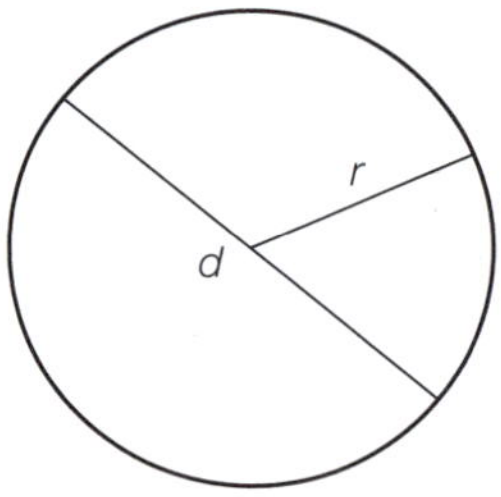

Exemple
Si $r = 5$
$p = \pi \cdot 10 = 2 \cdot \pi \cdot 5 \cong 31{,}4$
$A = \pi \cdot 5^2 = \pi \cdot 25 \cong 78{,}5$

Longueur d'un arc de cercle et aire d'un secteur circulaire

Un secteur circulaire est une partie d'un disque limitée par deux rayons.

secteur
sectus (latin) : coupé
sector (latin) : celui qui coupe

Longueur de l'arc $\overset{\frown}{AB} = 2\pi r \frac{\alpha}{360}$

Aire du secteur d'angle $\alpha = \pi r^2 \frac{\alpha}{360}$

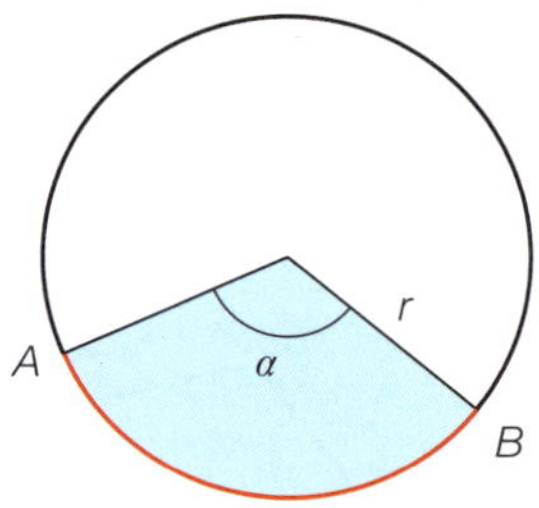

Exemple
Si $r = 6$ et $\alpha = 50°$
Longueur de l'arc $\overset{\frown}{AB} = 2 \cdot \pi \cdot 6 \cdot \frac{50}{360} \cong 5{,}24$
Aire du secteur d'angle $\alpha = \pi \cdot 6^2 \cdot \frac{50}{360} \cong 15{,}71$

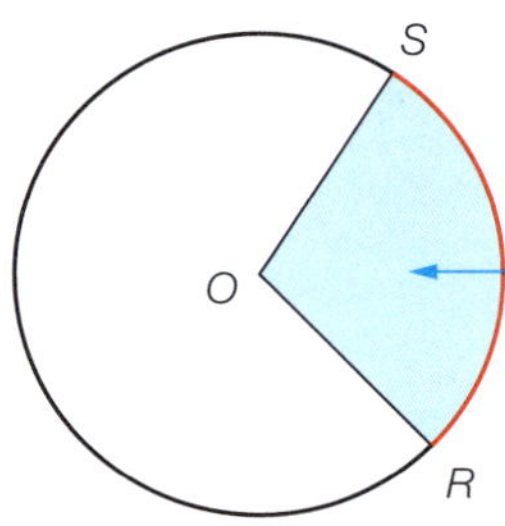

secteur circulaire limité par les rayons *OR* et *OS*

Attention !
Dans ces formules, l'angle doit être mesuré en degrés.

Cercle et disque (p. 90), Périmètre et aire d'un disque (p. 124)

GM

Aire et volume de solides

Aire et volume d'un cube

$A = 6 \cdot a \cdot a = 6a^2$
$V = a \cdot a \cdot a = a^3$

a: mesure de l'arête

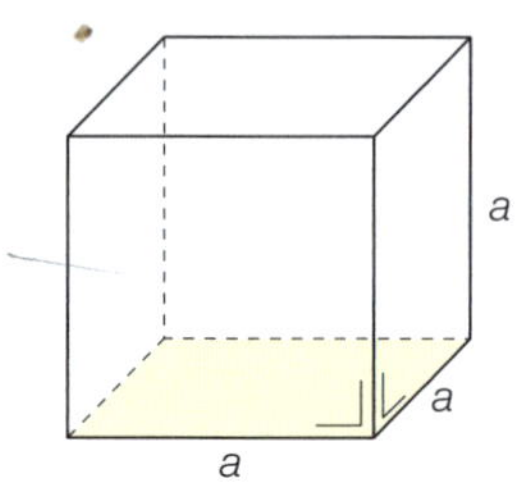

Exemple
Si $a = 5$
$A = 6 \cdot 5^2 = 6 \cdot 25 = 150$
$V = 5^3 = 125$

Aire et volume d'un parallélépipède rectangle ou pavé droit

$A = 2 \cdot a \cdot b + 2 \cdot a \cdot c + 2 \cdot b \cdot c$
$= 2 \cdot (ab + ac + bc)$

$V = a \cdot b \cdot c$

a, b et c sont les mesures des arêtes

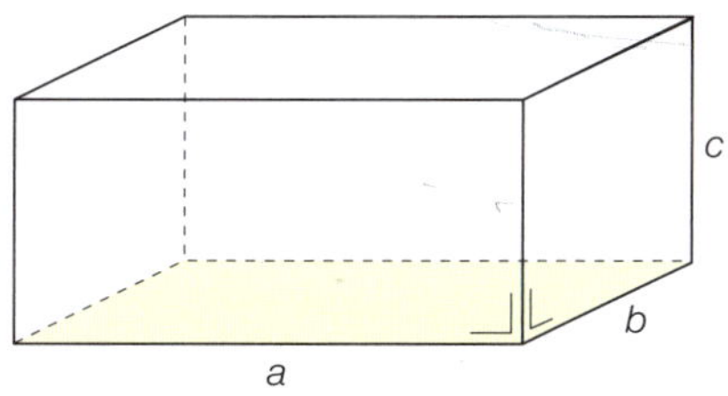

Exemple

Si $a = 10$, $b = 3$, $c = 5$

$A = 2 \cdot (30 + 50 + 15)$
$= 2 \cdot 95 = 190$

$V = 10 \cdot 3 \cdot 5 = 150$

Volume d'un prisme droit

$V = B \cdot h$

B: aire de la base
h: mesure de la hauteur

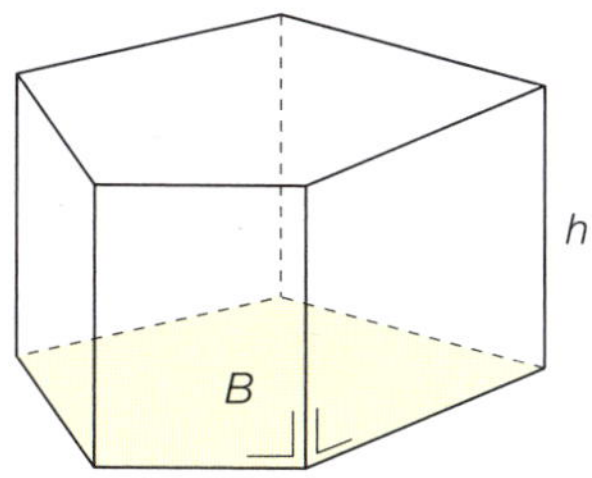

Exemple

Si $B = 50$ et $h = 2{,}5$

$V = 50 \cdot 2{,}5 = 125$

Volume d'une pyramide

$$V = \frac{B \cdot h}{3}$$

B: aire de la base
h: mesure de la hauteur

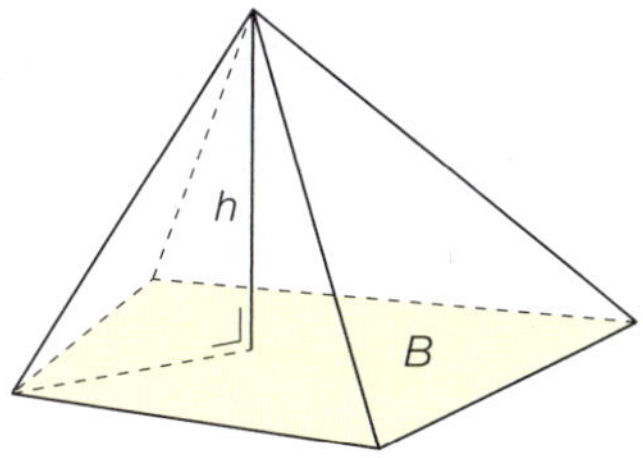

Exemple

Si $B = 80$ et $h = 9$

$V = \frac{80 \cdot 9}{3} = 240$

Aire et volume d'un cylindre

$A = 2 \cdot \pi \cdot r^2 + 2 \cdot \pi \cdot r \cdot h = 2 \cdot \pi \cdot r \cdot (r + h)$
$V = B \cdot h = \pi \cdot r^2 \cdot h$

r: rayon de la base
B: aire de la base
h: mesure de la hauteur
$\pi = 3{,}14159... \cong 3{,}14$

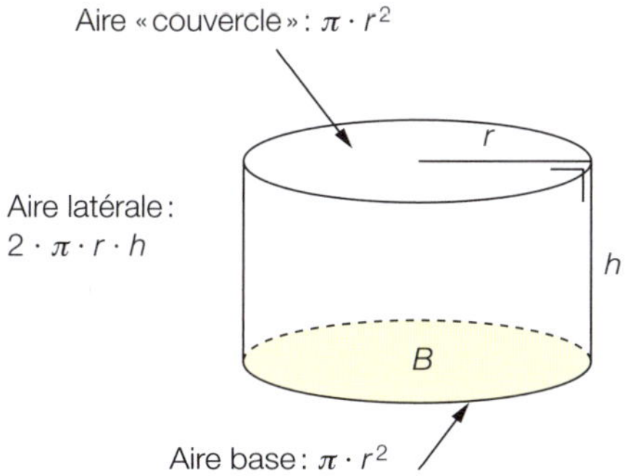

Exemple

Si $r = 5$ et $h = 4$

$A = 2 \cdot \pi \cdot 5^2 + 2 \cdot \pi \cdot 5 \cdot 4$
$= 50\pi + 40\pi$
$= 90\pi \cong 282{,}74$

$V = B \cdot h = \pi \cdot 5^2 \cdot 4$
$= 100\pi \cong 314{,}16$

Volume d'un cône

$$V = \frac{B \cdot h}{3} = \frac{\pi \cdot r^2 \cdot h}{3}$$

B: aire de la base
r: rayon de la base
h: mesure de la hauteur

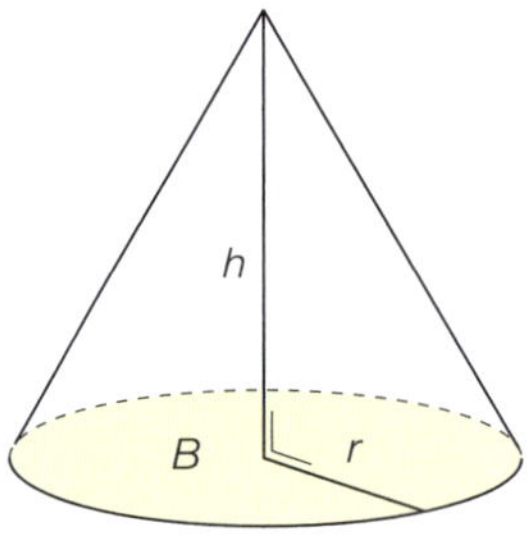

Exemple
Si $r = 4$ et $h = 6$
$$V = \frac{\pi \cdot 16 \cdot 6}{3} = 32\pi \cong 100{,}5$$

Aire et volume d'une boule

$$A = 4 \cdot \pi \cdot r^2$$
$$V = \frac{4 \cdot \pi \cdot r^3}{3}$$

r: rayon de la boule

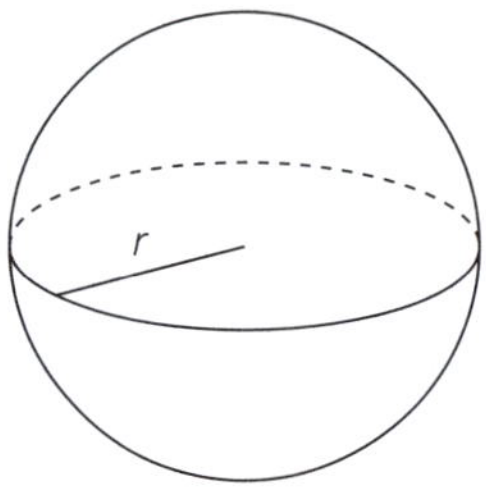

Exemple
Si $r = 6$
$$A = 4 \cdot \pi \cdot 36 = 144 \cdot \pi \cong 452{,}4$$
$$V = \frac{4 \cdot \pi \cdot 216}{3} = 288 \cdot \pi \cong 904{,}8$$

Autre dénomination
On dit aussi que la surface extérieure de la boule est une sphère.

Théorèmes

Triangle rectangle – vocabulaire

Dans un triangle rectangle, l'hypoténuse est le côté opposé à l'angle droit. C'est le plus long côté.

Un triangle rectangle en A est un triangle dont l'angle de sommet A mesure 90°.

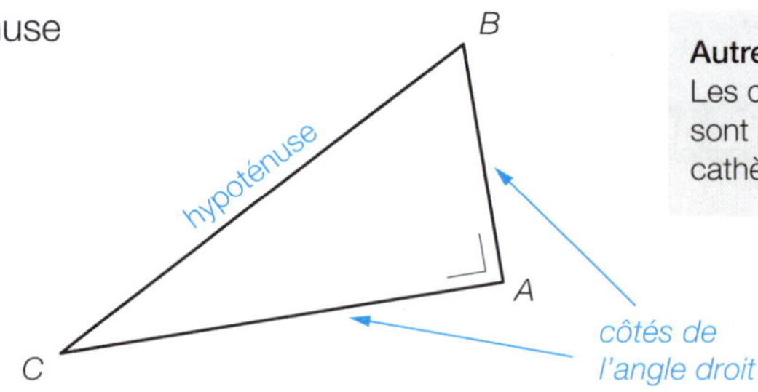

Le côté BC est l'hypoténuse du triangle rectangle. Les côtés AB et AC sont les côtés de l'angle droit.

Autre dénomination
Les côtés de l'angle droit sont parfois appelés les cathètes.

Théorème de Pythagore

Dans tout triangle rectangle, le carré de l'hypoténuse est égal à la somme des carrés des deux autres côtés.

$a^2 = b^2 + c^2$

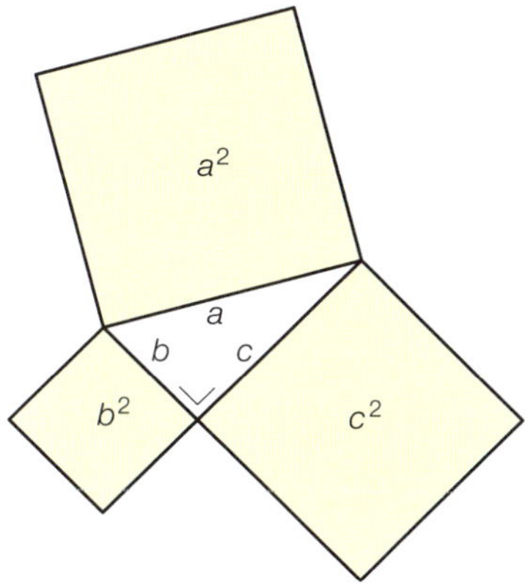

Attention !
Ce théorème ne s'applique qu'aux triangles rectangles.

Exemple

Si $b = 6$ et $c = 8$

alors $a^2 = 36 + 64 = 100$

$a = \sqrt{100} = 10$

Réciproque du théorème de Pythagore

Si, dans un triangle, le carré de la mesure du plus long côté est égal à la somme des carrés des mesures des deux autres côtés, alors le triangle est rectangle.

Théorème de Thalès

Cas général

Des parallèles déterminent sur des sécantes des segments proportionnels.

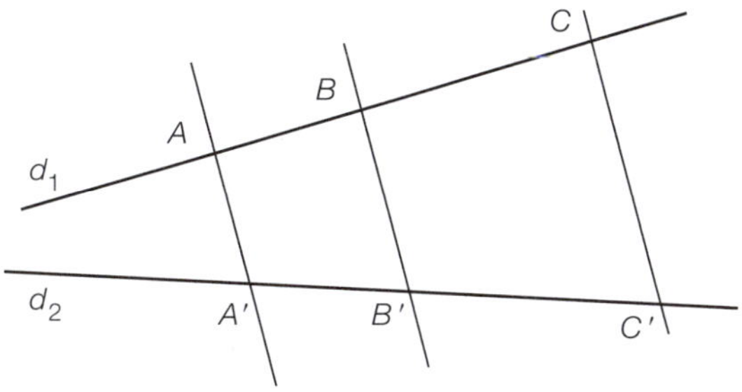

Les droites AA', BB' et CC' sont parallèles
Les droites d_1 et d_2 sont sécantes

Exemples

$\frac{AB}{BC} = \frac{A'B'}{B'C'}$ $\quad$ $\frac{AB}{AC} = \frac{A'B'}{A'C'}$

Proportionnalité (p. 41)

Cas particulier

Dans cette figure, plusieurs rapports sont égaux.

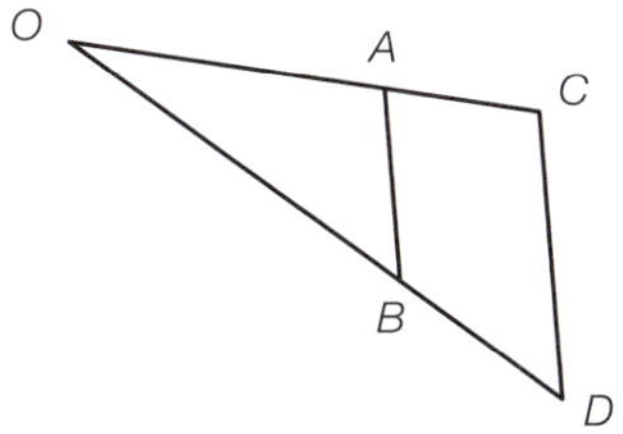

Les segments AB et CD sont parallèles

Exemples

$\frac{OC}{OA} = \frac{OD}{OB} = \frac{CD}{AB}$ $\quad$ $\frac{AC}{OA} = \frac{BD}{OB}$

$\frac{AC}{OC} = \frac{BD}{OD}$ $\quad$ $\frac{OC}{OD} = \frac{OA}{OB}$

$\frac{OA}{AB} = \frac{OC}{CD}$ $\quad$ $\frac{AB}{OB} = \frac{CD}{OD}$

Le triangle OAB a pour image le triangle OCD par l'homothétie de centre O

et de rapport $k = \frac{OC}{OA}$

$$\triangle OAB \xrightarrow{\mathcal{H}(O\,;\,k)} \triangle OCD$$

On obtient les dimensions du triangle OCD en multipliant celles du triangle OAB par le nombre k

Les dimensions correspondantes de chaque triangle sont proportionnelles

Proportionnalité (p. 41), Homothétie (p. 109), Figures semblables (p. 113)

losange

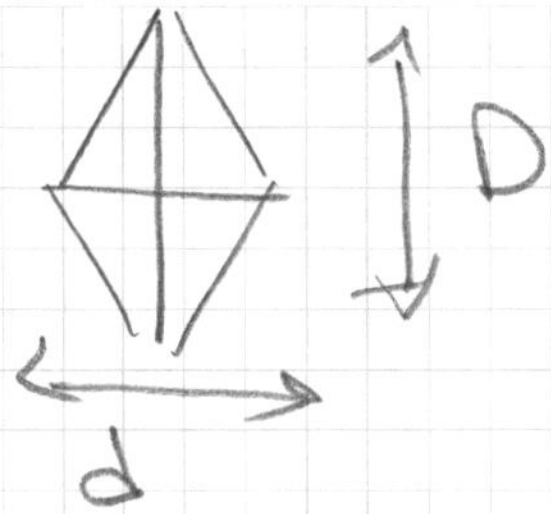

formule : $\frac{D \times d}{2}$

air

Recherche et stratégies – RS

Le débat mathématique

Règles du débat mathématique

Le débat mathématique obéit à des règles bien précises.

En voici quelques-unes :

- Un énoncé est soit vrai, soit faux ; il n'y a pas d'exception.
- Quelques exemples qui vérifient un énoncé ne suffisent pas à prouver que cet énoncé est vrai.
- Un contre-exemple suffit à prouver qu'un énoncé est faux.
- Une mesure sur un dessin ou une constatation « à vue d'œil » ne suffisent pas à prouver qu'un énoncé géométrique est vrai ou faux.

→ Contre-exemple (p. 136), Contradiction (p. 136)

Problèmes

Problème de recherche

Toute activité pour laquelle il n'y a pas de procédure immédiate de résolution est un problème de recherche.

Il est constitué de données – renseignements divers, nombres, inconnues, etc. – et de contraintes, ainsi que d'un but à atteindre.

problème
problema (latin) issu de πρόβλημα (grec) :
ce qu'on a devant soi, obstacle, tâche, sujet de controverse, problème

Exemples

1. Quel est le chiffre des unités de 7^{2011} ?
2. Dans le carré *ABCD*, on voudrait connaître l'angle marqué d'un point d'interrogation. Détermine-le.

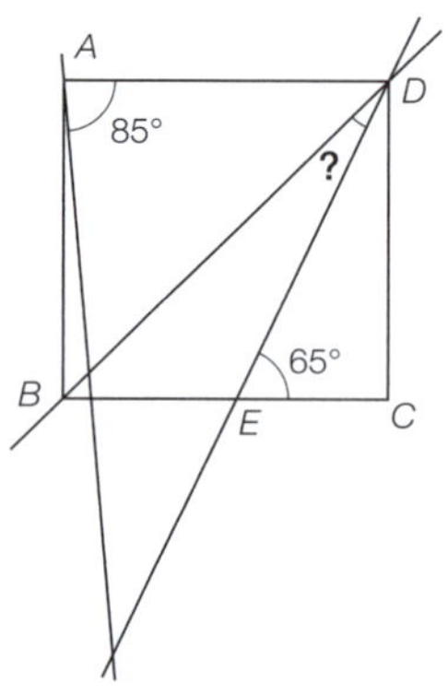

→ Procédure (p. 135), Etapes de résolution d'un problème (p. 137)

Narration de recherche

La narration de recherche est un texte qui a pour but d'expliquer les étapes de résolution mises en place ainsi que la solution trouvée – ou non – à autrui (camarade, enseignant, parents, etc.).

Ces quelques questions peuvent guider la rédaction :

- *Quel est le but à atteindre ?*
- *Par quoi avons-nous commencé ?*
- *Quelles étapes a-t-on définies ?*
- *Quelles conjectures (suppositions) avons-nous émises ?*
- *Comment et pourquoi les a-t-on gardées ou rejetées ?*
- *Quelles solutions avons-nous trouvées ?*
- *Quels calculs avons-nous faits ?*
- *Etc.*

Résolution

Ensemble d'étapes permettant la reconnaissance du but d'un problème, puis la réalisation d'une solution.

→ Etapes de résolution d'un problème (p. 137)

Stratégie

Planification et coordination d'un ensemble d'opérations en vue d'atteindre un but.

stratégie
strategia, στρατηγία (grec) : commandement d'une armée, d'où aptitude à commander une armée, qualités d'un général et manœuvre ou ruse de guerre

Procédure

Méthode, marche à suivre pour obtenir un résultat.

Souvent, diverses procédures peuvent être utilisées pour résoudre le même problème.

procédure
pro (latin) : aller en avant, avant
cedere (latin) : marcher, s'avancer

Croquis

Dessin fait rapidement, à main levée, sans recherche de détails. Il ne respecte pas les mesures, mais contient des informations (cotes, symboles, explications complémentaires) qui permettent de représenter fidèlement la figure et servir de support à la réflexion.

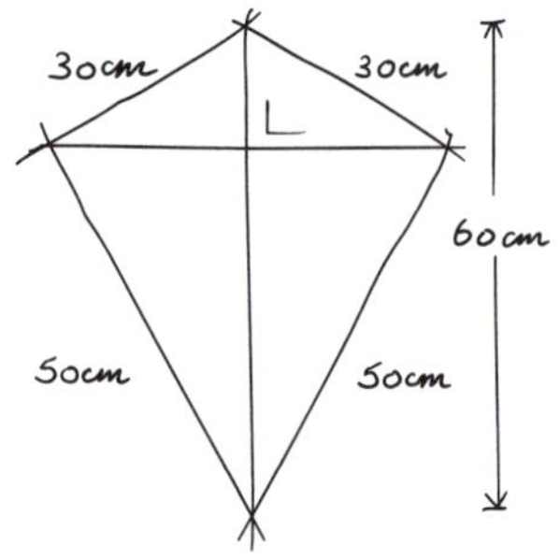

⇢ Représentation dans le plan (p. 68)

Conjecture

Une conjecture est une supposition sur « quelque chose qui semble vrai ».

Il faut ensuite démontrer qu'elle est soit vraie, soit fausse.

Exemple

Conjecture de Goldbach (mathématicien et historien russe, 1690-1764) : « Tout nombre pair supérieur à 2 est la somme de deux nombres premiers » est une conjecture célèbre dont on ne sait toujours pas si elle est vraie ou si elle est fausse ; à l'heure actuelle, on n'est pas parvenu à la démontrer.

En sciences de la nature, les termes *hypothèse* et *conjecture* sont utilisés comme deux synonymes.
En mathématiques, *hypothèse* n'a pourtant pas la même signification ; ce terme correspond à *ce qui est connu ou considéré comme connu*, par exemple un élément initial pour démontrer un théorème.

Contre-exemple

Exemple qui contredit une affirmation ; il suffit d'un seul contre-exemple pour déclarer fausse une affirmation.

Exemples

« Tous les nombres pairs sont des multiples de 4 » est une affirmation fausse car, par exemple, 6 est un nombre pair, mais n'est pas un multiple de 4.

« Tous les nombres premiers sont impairs » est une affirmation fausse, car 2 est premier et pair – seul et unique contre-exemple.

Contradiction

Il y a contradiction lorsque deux idées, deux énoncés ou actions s'excluent l'un l'autre.

Exemple

« Le triangle *ABC* est rectangle » et « le triangle *ABC* est équilatéral ».

Si… alors…

On utilise souvent, en mathématiques, la forme « si… alors… ».

L'expression qui vient juste après « si » est appelée *condition* et l'expression qui suit « alors » est appelée *conclusion*.

On obtient la réciproque d'un tel énoncé en inversant condition et conclusion ; la réciproque d'un énoncé vrai n'est pas toujours vraie.

Déduction : lorsque l'on va de la cause aux effets, du principe aux conséquences, du général au particulier. On peut ainsi poser une conclusion sur la base d'éléments dont on est sûr.
Induction : lorsque l'on cherche des lois générales à partir de l'observation de faits particuliers. On peut ainsi, dans certains problèmes, induire une conjecture sur la base d'exemples.

Exemples

Enoncé 1 :	**Si** un triangle possède trois côtés isométriques, **alors** il possède trois angles isométriques.
Réciproque 1 :	**Si** un triangle possède trois angles isométriques, **alors** il possède trois côtés isométriques.
Enoncé 2 :	**Si** un triangle est rectangle, **alors** le carré de l'hypoténuse est égal à la somme des carrés des deux autres côtés.
Réciproque 2 :	**Si**, dans un triangle, le carré de la mesure du plus long côté est égal à la somme des carrés des mesures des deux autres côtés, **alors** le triangle est rectangle.
Enoncé 3 :	**Si** un nombre se termine par 2, **alors** il est divisible par 2.
Réciproque 3 fausse :	**Si** un nombre est divisible par 2, **alors** il se termine par 2.

→ Théorème de Pythagore (p. 127)

Résolution d'un problème

Etapes de résolution d'un problème

1 Appropriation de l'énoncé

« comprendre le problème pour en identifier le but »

- Lire attentivement et complètement le problème afin de se mettre en situation, de donner du sens au texte et de se construire une représentation de l'énoncé.
- Trier les informations *(utiles ou pas, ce qu'on connaît, ce qu'on doit chercher, etc.)*.
- Représenter les informations sous forme de croquis, tableau, schéma, etc., pour visualiser la situation, si cela est possible et utile.
- Décrire clairement le but à atteindre.

2 Traitement des données

« concevoir un plan », puis « mettre le plan à exécution » et « revenir sur la solution »

- Déterminer une stratégie de recherche et élaborer les procédures nécessaires à sa mise en œuvre : *Quelles seront les étapes de la résolution ? Quels outils mathématiques va-t-on pouvoir utiliser ? Dans quel ordre ? Etc.*

→

- Au cours de ces étapes, effectuer quelques contrôles : *Le plan est-il adapté à la représentation du problème que l'on s'est construite ? Les calculs sont-ils exacts ? Etc.*
- Lorsque l'on pense avoir résolu le problème, contrôler la solution proposée : refaire le cheminement et vérifier le raisonnement suivi, regarder si la réponse est possible.

3 Communication des recherches et du résultat

« mettre en forme les résultats pour que quiconque puisse comprendre le travail effectué »

- Décrire les procédures mises en place en vue de faire comprendre la démarche à autrui.

  A cette fin, utiliser les termes propres au langage mathématique ainsi qu'une représentation et une notation adaptées et correctes.

→ Problème de recherche (p. 134), Narration de recherche (p. 135), Résolution (p. 135), Procédure (p. 135)

Dans le cadre d'une narration de recherche, on rédige un compte-rendu complet de la recherche, y compris les mauvaises pistes, les essais qui n'ont rien donné ou encore les fausses conjectures ainsi que les raisons qui ont conduit à les abandonner.

Stratégies de recherche

Analogie

Se souvenir d'un problème que l'on a déjà fait et qui ressemble à celui qu'on est en train de résoudre. Ainsi, on peut s'en inspirer afin d'élaborer une solution.

De très nombreuses stratégies de recherche existent, en mathématiques comme dans les sciences de façon générale ; sont présentés ici uniquement quelques exemples mobilisés lors de différentes activités des ouvrages *Mathématiques 9-10-11*.
Chacune des stratégies peut être utilisée seule, mais plusieurs d'entre elles peuvent être associées.

Tâtonnement

Faire différents essais, plus ou moins ciblés, au besoin un peu au hasard, afin de trouver une solution au problème. Les essais ne correspondant pas aux conditions de départ sont rejetés.

Cette stratégie est souvent accompagnée de courtes déductions, de brèves appréciations, de constatations ou encore de raccourcis ; elle est donc mise en lien avec d'autres stratégies.

→ Etude systématique de cas (p. 140), Démarche scientifique (p. 141)

Chaînage avant

Regarder toutes les conséquences que l'on peut tirer des données du problème, ce que l'on peut en déduire ou calculer directement.

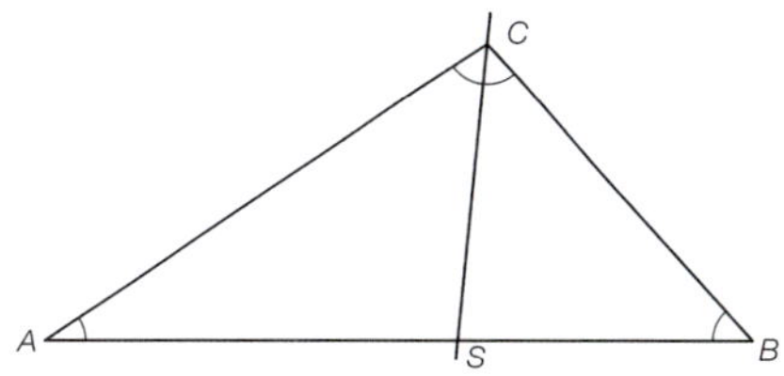

Exemple : problème à résoudre avec les outils de 9e année.

Enoncé

« Quelle est la valeur de l'angle $\widehat{ABC}$, sachant que $\widehat{CAB} = 40°$, $\widehat{BCS} = 30°$ et que la droite CS est la bissectrice de $\widehat{BCA}$? »

Procédure

Qu'est-ce que je cherche ?	La valeur de l'angle $\widehat{ABC}$.
Qu'est-ce que je connais ?	• Les mesures des angles $\widehat{CAB}$ et $\widehat{BCS}$. • CS est la bissectrice de $\widehat{BCA}$. • La somme des angles d'un triangle vaut 180°.
Qu'est-ce que je peux en déduire ?	CS est la bissectrice de l'angle $\widehat{BCA}$ donc : $\widehat{SCA} = \widehat{BCS} = 30°$ et $\widehat{BCA} = \widehat{SCA} + \widehat{BCS} = 60°$.

La somme des angles d'un triangle vaut 180° donc :

$\widehat{ABC} = 180° - \widehat{CAB} - \widehat{BCA} = 180° - 40° - 60° = 80°$.

Solution

L'angle $\widehat{ABC}$ vaut 80°.

Chaînage arrière

Partir du but à atteindre et chercher quels sont les éléments manquants et comment les déterminer. Pour cela, on fait appel à des outils mathématiques ou logiques :

- définitions, propriétés, théorèmes ;
- croquis, dessins à l'échelle ;
- formules, équations, opérations, règles de calcul, etc. ;
- si… alors…

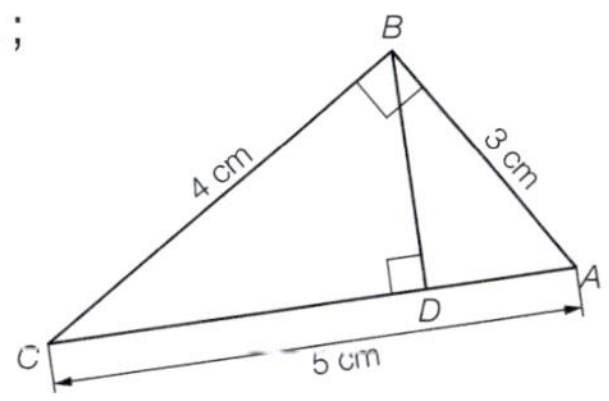

Exemple : problème à résoudre avec les outils de 9e année.

Enoncé

« Détermine la longueur du segment BD. »

Procédure

Qu'est-ce que je cherche ?	La longueur du segment BD.
Est-il possible de calculer cette longueur directement à partir de ce que je connais (chaînage avant) ?	Non, aucun outil ne me permet de trouver BD directement.
Je reviens alors au but à atteindre : Qu'est-ce que je cherche ?	Une longueur qui manque.
Quels sont les outils à disposition me permettant de trouver cette longueur manquante ?	• formules d'aire, de périmètre ; • propriétés des figures géométriques.

Que peut-on dire de *BD* ?	*BD* est la hauteur, issue de *B*, du triangle rectangle *ABC*. La hauteur est une mesure intervenant dans le calcul d'aire ; la base correspondant à cette hauteur *BD* est connue ($AC = 5$ cm). Si on connaît l'aire et la base d'un triangle, alors on peut calculer la hauteur correspondante, ici *BD*.
Comment calculer cette aire d'une autre façon ?	Le triangle *ABC* étant rectangle en *B*, les côtés *AB* et *BC* sont perpendiculaires ; ils sont donc base et hauteur correspondante.

$A_{ABC} = \frac{AB \cdot BC}{2} = \frac{3 \cdot 4}{2} = 6$; l'aire de *ABC* vaut 6 cm^2.

Alors : $A_{ABC} = 6 = \frac{AC \cdot BD}{2} = \frac{5 \cdot BD}{2}$

$5 \cdot BD = 12$

$BD = 12 : 5 = 2{,}4$

Solution

Le segment *BD* mesure 2,4 cm.

→ Croquis (p. 136), Si… alors… (p. 137)

Etude systématique de cas

Dans les situations pour lesquelles on pense qu'il existe un nombre restreint de possibilités de solutions, étudier tous les cas possibles et chercher à déterminer la(les)quelle(s) satisfait(ont) aux contraintes du problème.

Exemple

Enoncé

Un facteur donne son courrier à un professeur de maths. Il discute de la pluie et du beau temps, puis le professeur propose un petit problème au facteur :

« J'ai trois filles qui ont leur anniversaire le même mois. La somme de leurs âges est égal au numéro que l'on aperçoit sur la maison d'en face. Le produit de leurs âges est égal à 36. Quel est l'âge de chacune de mes filles ? »

Le facteur répond : « Il me manque une information pour pouvoir répondre. »

Le professeur : « Vous avez raison, la voici : mon aînée n'a pas de sœur jumelle… »

Et le facteur lui donne l'âge de ses filles.

Au fait, quel est l'âge de chacune de ses filles ?

→

Procédure

Les nombres à disposition ainsi que les informations proposées ne permettent pas de trouver directement ces âges. Après quelques essais plus au moins au hasard, il semble que le nombre de possibilités n'est pas très grand et que l'on peut essayer de les noter.

On cherche trois nombres naturels dont le produit est égal à 36:	Les sommes respectives sont:
$1 \cdot 1 \cdot 36$	$1 + 1 + 36 = 38$
$1 \cdot 2 \cdot 18$	$1 + 2 + 18 = 21$
$1 \cdot 3 \cdot 12$	$1 + 3 + 12 = 16$
$1 \cdot 4 \cdot 9$	$1 + 4 + 9 = 14$
$1 \cdot 6 \cdot 6$	$1 + 6 + 6 = 13$
$2 \cdot 2 \cdot 9$	$2 + 2 + 9 = 13$
$2 \cdot 3 \cdot 6$	$2 + 3 + 6 = 11$
$3 \cdot 3 \cdot 4$	$3 + 3 + 4 = 10$

Huit cas possibles.

Comme le facteur connaît le numéro de la maison d'en face et qu'il a besoin d'un renseignement supplémentaire, cela signifie que seules les sommes égales sont des solutions possibles, soit (1 ; 6 ; 6) et (2 ; 2 ; 9).

La dernière indication «mon aînée n'a pas de sœur jumelle» entraîne que l'on doit éliminer (1 ; 6 ; 6).

Solution

La solution est: les jumelles ont 2 ans et l'aînée 9 ans.

Démarche scientifique

Commencer par faire des essais et les organiser.
Sur cette base, émettre des conjectures et les tester sur plusieurs cas.
En cas d'échec, poser d'autres conjectures et recommencer la procédure.
Si cela est possible, démontrer que la conjecture est valable pour tous les cas.

Pour que la démarche soit complète, il faut démontrer que la conjecture est toujours valable, ce qui demande souvent des outils mathématiques qui dépassent ceux abordés dans le cadre de *Mathématiques 9-10-11.*

Exemple

Enoncé

«Poignées de main. Dans un groupe de *n* personnes, chacune serre, une seule fois, la main de toutes les autres. Combien y a-t-il eu de poignées de mains échangées?»

Procédure

Pour 2 personnes A et B : 1 poignée (A ; B).

Pour 3 personnes A, B et C : 3 poignées (A ; B) ; (A ; C) ; (B ; C).

Pour 4 personnes A, B, C et D : 6 poignées (A ; B) ; (A ; C) ; (A ; D) ; (B ; C) ; (B ; D) ; (C ; D).

Pour 5 personnes A, B, C, D et E : 10 poignées.

➜

Cela peut être modélisé à l'aide d'un tableau :

- la diagonale est forcément vide (la personne ne serre pas sa propre main);
- les autres cases vides représentent des situations déjà prises en compte: (B ; A) est identique à (A ; B).

	A	B	C	D	E
A	X				
B	(A ; B)	X			
C	(A ; C)	(B ; C)	X		
D	(A ; D)	(B ; D)	(C ; D)	X	
E	(A ; E)	(B ; E)	(C ; E)	(D ; E)	X

	A	B	C	D	E
A	X				
B	1	X			
C	2	3	X		
D	4	5	6	X	
E	7	8	9	**10**	X

5 colonnes

5 lignes

Le nombre de cases grises est égal à la moitié du produit du nombre de lignes par le nombre de colonnes auquel on soustrait le nombre de cases de la diagonale, à savoir 5 cases.
Nombre de cases grises: $(5 \cdot 5 - 5) : 2 = 10$.

Pour 6 personnes A, B, C, D, E et F:

	A	B	C	D	E	F
A	X					
B	(A ; B)	X				
C	(A ; C)	(B ; C)	X			
D	(A ; D)	(B ; D)	(C ; D)	X		
E	(A ; E)	(B ; E)	(C ; E)	(D ; E)	X	
F	(A ; F)	(B ; F)	(C ; F)	(D ; F)	(E ; F)	X

6 colonnes

6 lignes

On compte donc 15 poignées. En appliquant le même raisonnement que précédemment, le nombre de cases grises vaut : $(6 \cdot 6 - 6) : 2 = 15$.
Conjecture : le nombre de poignées de main pour *n* personnes vaut $[(n \cdot n - n) : 2]$.
Le test de cette généralisation fonctionne pour tous les exemples déjà traités; on peut la tester et elle fonctionne pour de nombreux autres exemples. On ne trouve pas non plus de contre-exemple.

	1	**...**	***n***
1	X		
...		X	
n			X

n colonnes

n lignes

Si le tableau comporte *n* lignes et *n* colonnes, alors le nombre de cases colorées vaut: $(n \cdot n - n) : 2 = \frac{n^2 - n}{2}$

Solution

Pour *n* personnes, il y a $\frac{n^2 - n}{2} = \frac{n(n-1)}{2}$ poignées de main.

Modélisation

Créer une représentation simplifiée d'un problème (schéma, croquis, tableau, graphique, simulation, etc.) dans le but de le comprendre et d'élaborer une solution.

RS

Exemple

Le tableau utilisé dans la résolution du problème «Poignées de main» (ci-dessus) est une modélisation de la situation proposée.

→ Croquis (p. 136)

Conventions et notations

Objet, notion, propriété	**Notations, conventions et commentaires**
Qui est proche de…	$\cong$
Inférieur à… (plus petit que…) Supérieur à… (plus grand que…)	$<$ $>$
Inférieur ou égal à… Supérieur ou égal à…	$\leqslant$ $\geqslant$
Couple de nombres	$(a\ ;\ b)$
Ensemble Ensemble vide Ensemble de solutions	$\{a\ ;\ b\ ;\ \ldots\}$ $\varnothing = \{\ \}$ $S = \{x_1\ ;\ x_2\ ;\ \ldots\}$
Est élément de…, n'est pas élément de… ou Appartient à…, n'appartient pas à…	$\in$, $\notin$
Ensembles de nombres	$\mathbb{N}$: ensemble des nombres naturels $\mathbb{Z}$: ensemble des nombres entiers relatifs $\mathbb{Q}$: ensemble des nombres rationnels $\mathbb{R}$: ensemble des nombres réels
Symboles représentant, numériquement parlant, « ce qu'il y a de plus grand » « ce qu'il y a de plus petit »	 $+\infty$ $-\infty$
Valeur absolue d'un nombre x	$\|x\|$
Opposé d'un nombre x	$-x$
Inverse d'un nombre x ($x \neq 0$)	x^{-1} ou $\frac{1}{x}$
Pour cent	%
Pour mille	‰
Fonction On trouve aussi les notations :	$f: \mathbb{R} \longrightarrow \mathbb{R}$ $x \longmapsto y = \ldots$ $x \longmapsto f(x) = \ldots$

➜

Objet, notion, propriété	Notations, conventions et commentaires
Point + *A* × *P*	le point *P* le point *A*
Segment 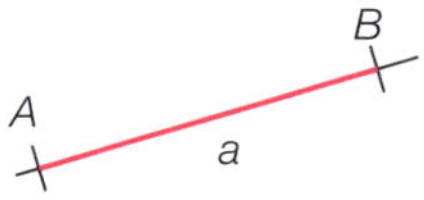	le segment *AB* ou le segment *a* *AB* et *a* désignent aussi bien le segment que sa mesure exemple : *AB* = 2,4 cm ou *a* = 24 mm
Droite 	la droite *CD* la droite *d*
Demi-droite 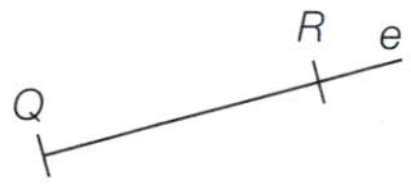	la demi-droite issue de *Q* passant par *R* la demi-droite *QR* la demi-droite *Qe*
Vecteur 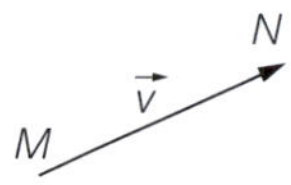	le vecteur $\vec{v}$ le vecteur $\overrightarrow{MN}$
Angle 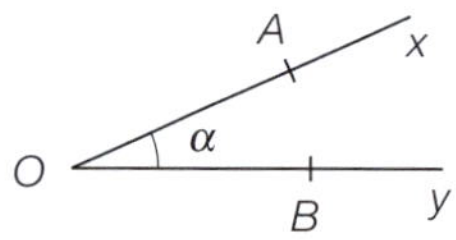	l'angle $\widehat{AOB}$ l'angle $\widehat{xOy}$ l'angle α l'angle $\widehat{AOy}$ $\widehat{AOB}$ désigne aussi bien l'angle que sa mesure
Figure du plan 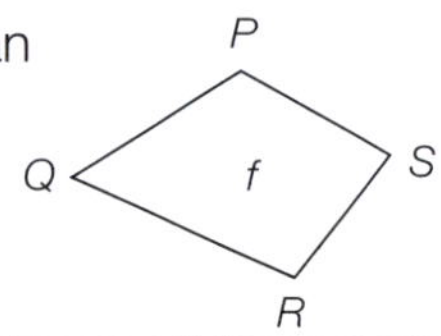	le quadrilatère *PQRS* la figure *f* le quadrilatère *f* le périmètre *p* et l'aire *A* le côté *PS*
Cercle 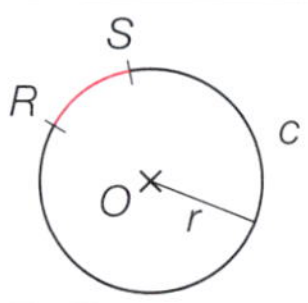	le cercle *c* l'arc $\overset{\frown}{RS}$ le cercle *c* (*O* ; *r*) $\overset{\frown}{RS}$ désigne aussi bien l'arc que sa mesure
Figure de l'espace 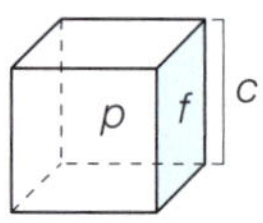	le polyèdre *p* la face *f* l'arête *c* le volume *V*
Plan 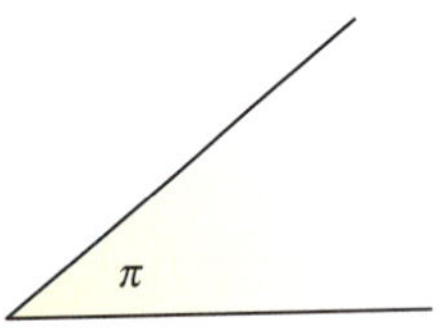	le plan π
Isométrie de segments 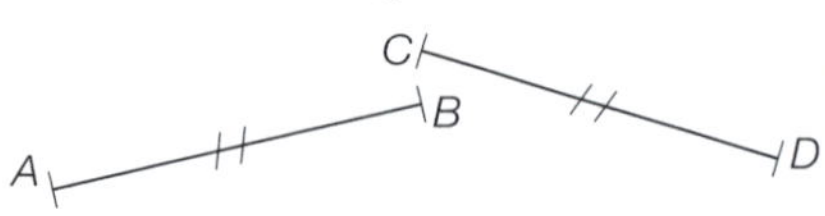	*AB* = *CD* des segments isométriques peuvent être marqués par un même symbole
Isométrie d'angles 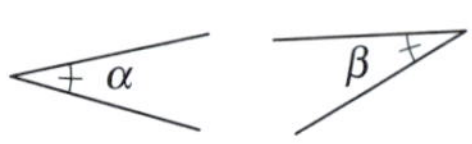	$\alpha = \beta$ des angles isométriques peuvent être marqués par un même symbole

Objet, notion, propriété	Notations, conventions et commentaires
Sécantes 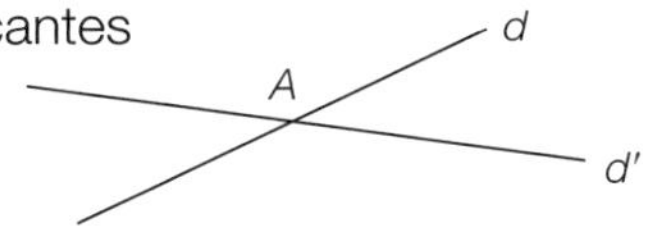	deux droites d et d' possédant un seul point d'intersection A
Concourantes 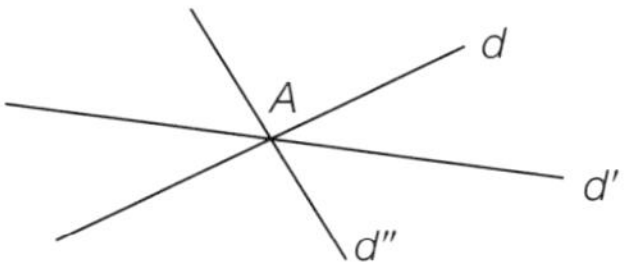	plusieurs droites d, d' et d'' possédant un seul point d'intersection A
Parallèles 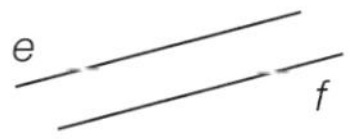	les droites e et f sont parallèles $e \,//\, f$
Perpendiculaires 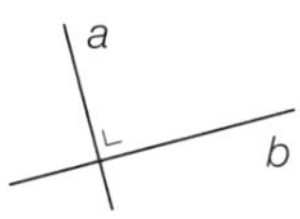	sur ce dessin, l'angle droit formé par les droites a et b est noté à l'aide du signe ∟ ; parfois, il est signalé à l'aide des symboles ⊾ ou ⊓ $a \perp b$
Isométries appliquées à une figure f	translation $f \xrightarrow{\mathcal{T}(\vec{v})} f'$ symétrie axiale $f \xrightarrow{S(d)} f'$ rotation $f \xrightarrow{\mathcal{R}(O\,;\,+120°)} f'$ symétrie centrale $f \xrightarrow{S(O)} f'$
Homothétie	homothétie $f \xrightarrow{\mathcal{H}(O\,;\,k)} f'$
Composition de transformations	la composition des transformations f et g peut-être notée $g \circ f$; on commencera par la transformation f, puis la transformation g

Alphabet grec

Majuscules	Minuscules	En français	Majuscules	Minuscules	En français
Α	α	alpha	Ν	ν	nu
Β	β	bêta	Ξ	ξ	xi
Γ	γ	gamma	Ο	ο	omicron
Δ	δ	delta	Π	π	pi
Ε	ε	epsilon	Ρ	ρ	rhô
Ζ	ζ	dzêta	Σ	σ	sigma
Η	η	êta	Τ	τ	tau
Θ	θ	thêta	Υ	υ	upsilon
Ι	ι	iota	Φ	φ	phi
Κ	κ	kappa	Χ	χ	khi
Λ	λ	lambda	Ψ	ψ	psi
Μ	μ	mu	Ω	ω	oméga

Table des matières

Nombres et opérations – NO

Fonctions et algèbre – FA

Index

Notes